永磁同步电机转子磁场失磁故障诊断技术

陈 涛 著

黄河水利出版社
·郑州·

图书在版编目(CIP)数据

永磁同步电机转子磁场失磁故障诊断技术/陈涛著
.—郑州:黄河水利出版社,2020.7
ISBN 978 - 7 - 5509 - 2726 - 1

Ⅰ.①永…　Ⅱ.①陈…　Ⅲ.①永磁电动机 - 同步电动机 - 转子 - 失磁故障 - 故障诊断　Ⅳ.①TM351.7

中国版本图书馆 CIP 数据核字(2020)第 119238 号

组稿编辑:李洪良　电话:0371 - 66026352　E-mail:hongliang0013@163.com

出　版　社:黄河水利出版社　　　　　　　　　　　　网址:www.yrcp.com
　　　　　地址:河南省郑州市顺河路黄委会综合楼 14 层　邮政编码:450003
发行单位:黄河水利出版社
　　　　　发行部电话:0371 - 66026940、66020550、66028024、66022620(传真)
　　　　　E-mail:hhslcbs@126.com
承印单位:广东虎彩云印刷有限公司
开本:787 mm×1 092 mm　1/16
印张:9
字数:162 千字　　　　　　　　　　　　　印数:1—1 000
版次:2020 年 7 月第 1 版　　　　　　　　印次:2020 年 7 月第 1 次印刷
定价:48.00 元

前　言

　　永磁同步电机(permanent magnet synchronous motor, PMSM)由于具有高电磁转矩、高运行效率、高功率密度、低维护率及易于实现高性能控制等技术优势,在工业伺服、电动汽车、新能源发电等领域得到了广泛应用。然而,上述应用领域多受安装空间限制,散热条件有限,且电机运行工况复杂,多处于加(减)速运行、变负荷工况。受单位电流最大转矩(maximum torque per ampere, MTPA)与弱磁的联合控制,导致 PMSM 存在较强的电枢反应,从而引起永磁体产生的转子磁场出现失磁故障,进而导致 PMSM 输出转矩降低及转矩、转速脉动。本书通过对 PMSM 转子磁场失磁故障开展研究,提出了集转子磁场失磁故障建模、失磁故障诊断、故障模式识别、故障程度评估及故障补偿于一体的 PMSM 转子磁场失磁故障综合解决方案,其成果对于实现 PMSM 驱动系统的安全可靠运行具有一定的理论价值和工程意义。

　　首先,本书深入分析 PMSM 转子磁场失磁故障的产生机制,并建立计及转子磁场失磁故障的 PMSM 驱动系统数学模型及系统仿真模型,实现 PMSM 转子磁场失磁故障电气特征的定性与定量描述。其次,在非平稳运行工况及测量噪声约束下,研究了扩展卡尔曼滤波、无迹卡尔曼滤波、粒子滤波、无迹粒子滤波等典型非线性滤波算法在 PMSM 转子磁链辨识中的应用,并综合比较了其辨识性能。为确保电机参数变化时的转子磁链辨识结果的准确性与唯一性,以 EKF 算法为例,在参数敏感性分析的基础上,本书提出了考虑电机参数变化条件下实现转子磁链满秩辨识的统一辨识算法。为实现以较小计算量解决电机参数变化及辨识模型欠秩对转子磁链辨识精度的影响,本书提出基于代数法的 PMSM 参数辨识方法,实现包括转子磁链在内的所有电机电磁参数的同时,在线辨识转子磁场均匀失磁故障的准确诊断。继而,本书提出集成自适应基波提取和 EMD 于一体,基于分形维数的 PMSM 转子磁场局部失磁故障诊断方法,消除定子电流基波、PMSM 驱动系统高频谐波及 EMD 低频趋势项对局部失磁故障微弱故障特征信号盒维数计算值的影响,实现转子磁场局部失磁故障的准确诊断。最后,在转子磁场均匀失磁故障与局部失磁故障准确诊断的基础上提出了不同故障模式的有效识别方法、故障程度评估及故障补偿方法。在理论分析与系统仿真测试的基础上，完成了 PMSM 驱动系统实验平台的搭建，通过 PMSM 驱动系统的实验测试，验证了所提方法的正确性与有效性。

本书得到了河南工程学院博士基金（编号：Dkj2018004）、河南省科技攻关项目（编号：202102210293）、河南省科技攻关项目（编号：192102210076）的资助，得到了河南工程学院电气信息工程学院的大力支持，在此表示衷心的感谢。在图书出版过程中，黄河水利出版社的编辑李洪良付出了大量心血，并提出了许多中肯的建议，在此一并表示感谢。

由于作者水平有限，文中不妥之处，敬请读者批评指正。

作　者

2020 年 4 月于河南工程学院

目　录

第1章 绪 论

永磁同步电机(permanent magnetic synchronous machine，PMSM)由于具有高电磁转矩、高运行效率、高功率密度、低维护率及易于实现高性能控制等技术优势，在工业伺服、电动汽车、新能源发电等领域得到了广泛应用。然而，上述应用领域多受安装空间限制，散热条件有限，且电机运行工况复杂，多处于加(减)速运行、变负荷工况。受单位电流最大转矩(maximum torque per ampere，MTPA)与弱磁的联合控制，导致 PMSM 存在较强的电枢反应，从而引起永磁体产生的转子磁场出现失磁故障。此外，在高性能永磁同步电机设计中，多采用烧结永磁材料，这类材料特性较脆，在 PMSM 制造、装配及高速运行过程中易导致永磁体出现裂纹，从而导致转子磁场出现局部失磁故障或均匀失磁故障。失磁故障的出现，一方面会降低转子磁链，影响电机电磁转矩输出能力，在相同负载转矩约束下，需要更大的电枢电流保证 PMSM 电磁转矩输出，从而产生更为严重的电枢反应，形成 PMSM 转子磁场失磁故障与电枢反应之间的恶性循环；另一方面，转子磁场局部失磁故障的出现会形成大量的非整数次转子磁链谐波，并在电枢中产生相应的谐波电流，导致 PMSM 出现电磁转矩脉动与转速脉动，直接影响 PMSM 的转矩控制精度。此外，PMSM 驱动系统的 MTPA 控制及弱磁控制均依赖于转子磁链的准确获取，转子磁场失磁故障的出现，必然导致转子磁链的降低，直接影响 PMSM 驱动系统在 MTPA 控制模式或弱磁控制模式下的系统运行性能。为此，在电动汽车等对驱动系统的安全可靠性要求较高的应用领域，必须对转子磁链进行有效监测，对其早期转子磁场失磁故障实施可靠诊断，实现失磁故障程度及故障模式的有效评估与识别，并采取有效容错控制策略降低转子磁场失磁对 PMSM 驱动系统运行性能的影响，确保其运行安全。

1.1　PMSM 转子磁场失磁故障形成机制

　　PMSM 永磁材料的稳定性易受电机电枢反应、工作温度、酸碱腐蚀环境、制造缺陷及自然寿命等因素的综合影响而导致磁感应强度幅值降低或畸变，形成转子磁场的局部失磁故障或均匀失磁故障。

　　首先，在 PMSM 驱动系统过载或散热条件无法满足要求时，永磁体工作温度将显著升高，增强其内部磁畴活跃程度并降低其磁化能力。PMSM 中常用的钕铁硼等永磁材料的居里温度较低（310 ~ 410 ℃），磁化强度矫顽力 H_{ci} 的温度系数约为 $-(0.6 ~ 0.7)\% \ K^{-1}$，而剩余磁感应强度 B_r 的温度系数则达 $-0.013\% \ K^{-1}$，因此，工作温度的升高将引起永磁材料明显的磁损失。受此影响，PMSM 输出电磁转矩降低，在驱动恒转矩负载时，定子电枢电流明显升高，导致电机铜耗增加并进一步提高永磁体的工作温度，加快转子磁场失磁进程，形成 PMSM 永磁体工作温度与转子磁场失磁故障之间的恶性循环及动态失磁过程（见图 1-1）。

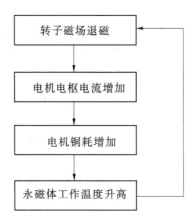

图 1-1　受工作温度影响的转子磁场动态失磁过程

Fig. 1-1　The dynamic demagnetization process of permanent magnet influenced

by working temperature

其次,由于 PMSM 电枢反应磁场与永磁体产生的转子磁场方向相反,其具有天然的转子磁场失磁作用。尤其在大转速动态或大负载工况时,PMSM 瞬态电枢电流明显增加,电枢反应磁场导致转子磁场失磁的能力显著增强,极易引起不可逆的转子磁场局部失磁故障或均匀失磁故障,并形成电枢反应与失磁故障之间的恶性循环,扩大故障程度。

再者,稀土永磁材料内部含有大量的金属元素,导致其易受外部环境影响而出现氧化或腐蚀现象,引起不可逆的永磁材料组织变化,从而导致转子磁场失磁故障。永磁材料的氧化程度随其工作寿命的增加而加剧,氧化后的永磁材料特性松脆,在 PMSM 驱动系统高速运行等极端工况下存在转子永磁体瓦解的风险,影响系统的运行安全。

最后,钐钴、钕铁硼等烧结永磁材料在高性能 PMSM 驱动系统中获得了广泛应用,上述材料特性松脆,在永磁体的制造、装配及 PMSM 运行过程中容易出现裂纹等技术瑕疵。而在电动汽车、工业伺服等领域,受不可避免的振动与冲击影响,烧结永磁材料处于高能量不稳定运行状态的原有磁矩可能向低能量方向摆动与偏转,上述磁矩的摆动及偏转随着时间的推移将趋于稳定,形成不可逆失磁。此外,永磁材料也有一定的时效性,随着使用寿命的增加,不可避免地会出现一定的磁损失,损失量与其使用时间的对数近似呈现出线性关系。

综上所述,转子磁场失磁故障的出现,可以归咎于上述因素的单独或联合作用,不同应用领域,上述因素的影响程度不同。在电动汽车等工作领域,受运行环境、电机功率密度、散热条件及电机运行工况的限制,氧化、腐蚀、振动、时效等因素对永磁体产生的影响相对有限,而电机过载、散热条件不满足要求和定子绕组故障等原因引起的环境温度升高及大瞬态电流引起的强电枢反应磁场则是导致转子磁场失磁故障的主要因素,前者通常会导致转子磁场均匀失磁故障,后者则常引起局部失磁故障。尽管在 PMSM 永磁体的设计、制造、装配及电机运行等环节已采取了多种技术措施来预防转子磁场局部失磁故障与均匀失磁故障的发生,但在上述因素的综合作用下,转子磁场失磁故障依然难以实现完全避免。因此,为保证 PMSM 驱动系统的运行安全,必须实现其永磁体健康状况的有效监控,对其产生的转子磁场早期失磁故障实施有效诊断,并实现故障程度的准确评估与积极有效的故障补偿,避免故障程度的进一步扩大,确保 PMSM 驱动系统的高性能控制与可靠运行。

1.2　PMSM 转子磁场失磁故障诊断
方法的国内外研究现状

PMSM 故障可以分为如图 1-2 所示的电气故障、机械故障及永磁体故障三种故障形式,与 PMSM 电气故障相比,由永磁体故障导致的转子磁场失磁故障的研究工作起步晚,取得的技术成果相对有限。图 1-3 为 Web of science 数据库中按照图示检索式检索到的近年来与 PMSM 转子磁场失磁故障相关的文献数量和引文情况。由图 1-3 可见,针对 PMSM 转子磁场失磁故障的研究成果总体较少,但对该问题的关注和研究却处于一个蓬勃发展的上升通道中。

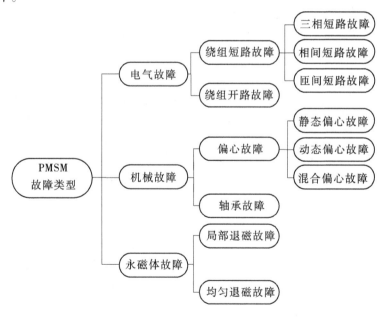

图 1-2　PMSM 故障类型

Fig. 1-2　Fault type of PMSM

您的检索　主题:(PMSM) AND 主题:(demagnetization) ...更多内容

此报告反映对键入"所有数据库"索引的来源文献的引用情况。

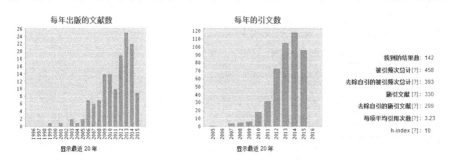

图 1-3　PMSM 转子磁场失磁故障相关文献检索结果

Fig. 1-3　Retrieval results of the related literatures of PMSM demagnetization fault

通过对检索文献的分析、梳理可以发现,目前在 PMSM 转子磁场失磁故障诊断领域取得的研究成果根据所选故障诊断依据的不同,可分为基于数据驱动、基于模型驱动及基于高频信号注入的三类诊断方法,而对于 PMSM 转子磁场不同失磁故障模式的有效识别、故障程度评估及容错控制等关键技术的文献报道则较为少见。

1.2.1　基于数据驱动的 PMSM 转子磁场失磁故障诊断

基于数据驱动诊断方法的基本思路是以 PMSM 驱动系统的终端测量数据为分析对象,通过有效的数据处理技术提取表征转子磁场失磁的故障特征信号。由检索文献分析可知,该方法在电机故障诊断领域得到了广泛应用,并取得了大量的研究成果,尽管 PMSM 转子磁场失磁故障的研究工作起步较晚,但采用该方法获得的成果却最为集中。该方法的分析对象主要集中在 PMSM 电流信号、电压信号、噪声与振动信号等几个方面;而数据处理技术则主要集中在快速傅里叶变换(FFT)、小波变换(wavelet transform)及希尔伯特黄变换(HHT)等几个领域。

1.2.1.1　基于电流信号的数据驱动诊断

基于电流信号的数据驱动诊断方法,通过对 PMSM 定子电流的分析与处理,提取能够表征 PMSM 转子磁场局部失磁故障的特征信号。众多文献研究表明,当 PMSM 出现转子磁场局部失磁故障时,电枢电流中将产生如式(1-1)所示的故障特征谐波(f_{fault}),即:

$$f_{fault} = f_s(1 \pm \frac{k}{p})\qquad(1-1)$$

式中 f_s——定子基波电流频率;

      p——电机极对数;

      k——正整数。

一旦从 PMSM 定子电流中提取到上述故障特征谐波,即可将其作为 PMSM 转子磁场局部失磁故障的诊断依据。

基于定子电流的 PMSM 转子磁场局部失磁故障诊断方法,其诊断精度易受 PMSM 驱动系统逆变器谐波及负载变化的影响,导致系统不同运行工况下特征信号的故障敏感度不同。尤其在系统非平稳运行时,定子电流基波频率及与基波相关的故障特征谐波频率均随时间变化而变化,且故障特征谐波幅值较小,极易被幅值较大的定子电流基波湮没,有效提取的难度较大。为避免负载变化对转子磁场局部失磁故障诊断精度的影响,采用零序电流作为转子磁场局部失磁故障的特征信号,但受脉冲宽度调制(PWM)策略及 PMSM 定子绕组不完全对称性的影响,转子磁场健康状态下的 PMSM 驱动系统中也将存在一定大小的零序电流分量,因此为保证该方法的可靠性,必须预先确定合理的故障门限阈值。

1.2.1.2   基于电压信号的数据驱动诊断

对于采用电流闭环控制的 PMSM 驱动系统而言,尽管基于定子电流的诊断方法可以实现所分析数据的直接获取而无须增加硬件开销,但定子绕组对称的 PMSM 出现转子磁场局部失磁故障时,定子电流中并不会出现明显的如式(1-1)所示的故障特征谐波。针对该问题,Urresty J. C. 等引入零序电压,并将其作为 PMSM 转子磁场局部失磁的故障特征信号,受 PWM 调制策略及 PMSM 定子绕组不完全对称的影响,PMSM 定子电压中亦将出现一定大小的零序分量。因此,如何将其与转子磁场局部失磁故障产生的零序电压分量进行有效区分,便成为该方法成功实现的关键。为此,通过设置故障诊断阈值的方法,消除 PMSM 结构不完全对称所导致的零序电压分量对转子磁场失磁故障诊断可靠性的影响。逆变器产生零序电压的原因有二,一是逆变器调制方法所致,另一个则由 PWM 自身产生。逆变器调制方法产生的零序电压分量可以通过图 1-4 中的电阻网络进行吸收,而后者产生的零序电压分量,由于其频率较高且远离转子磁场局部失磁故障特征信号频率范围,影响相对较小,可以通过设置简单的硬件滤波电路予以滤除。

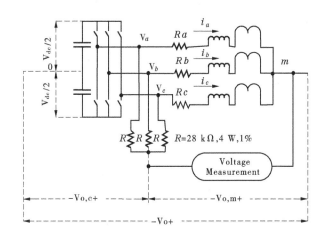

图 1-4 吸收逆变器零序电压的电阻网络

Fig. 1-4 The resistor network used to absorb zero-sequence voltage

尽管基于零序电压信号的 PMSM 转子磁场局部失磁故障诊断方法可以独立于负载变化,但需加装电压检测单元,增加了 PMSM 驱动系统的硬件开销,且需要获得 PMSM 定子绕组中性点,降低了该方法的适用性。

1.2.1.3 基于噪声和振动信号的数据驱动诊断

一旦出现转子磁场局部失磁故障,PMSM 气隙磁场将发生畸变,产生不对称电磁力,引起转速脉动并伴随机械噪声。为此,Torregrossa D. 等以机械噪声为分析对象,通过故障特征信号提取实现 PMSM 转子磁场局部失磁故障的诊断。在实际应用中,该方法极易引入高频干扰,故障特征信号的有效提取较为困难,影响了该方法的应用效果。

综上所述,基于数据驱动的转子磁场失磁故障诊断方法以 PMSM 定子电流、零序电压及机械噪声为分析对象,采用快速傅里叶变换、小波变换及希尔伯特黄变换等数据处理技术提取故障特征信号,实现 PMSM 转子磁场局部失磁故障的在线诊断。其中,快速傅里叶变换作为一种易于数字实现的频域分析方法,在 PMSM 转子磁场局部失磁故障诊断领域得到广泛应用,但其作为一种稳态、全局变换、只反映信号的静态频谱特性,无法实现非平稳数据的频谱分析,难以适应电动汽车的非平稳运行特性,而作为时频变换工具的小波变换与希尔伯特黄变换则能够实现非平稳状态下故障特征信号的有效提取。小波变化虽可获得比短时傅里叶变换更为优异的时频窗口特性,但其本质仍为一种窗口可调的傅里叶变换,具有窗函数的局限性,且受海森堡测不准原理限制;此外,小波变换的局部化能力取决于所选小波基在时域和频域上的局部化性质,不同小波基将产生不同的分析结果。因而,在实际应用中同时保证全局最优和局部最优的小波基函数选择变得非常困难,限制了该方法在实际工程领域的应用。希尔伯特黄变换在信号分解过程中,通过信号本身产生自适应基函数,且不受海森堡测不准原理限制,因此其在处理非平稳信号时具有更为优异的局部适应性和分解结果直观性。然而,该方法由经验模态分解和希尔伯特变换两部分组成,计算量较大,且存在微弱故障特征信号湮没及基波成分附近故障特征信号难以有效分解的问题,增加了对所分解信号进行物理解释和故障诊断的难度。

Riba Ruiz 等首次将分形维数引入 PMSM 转子磁场局部失磁故障诊断领域,针对 PMSM 转子磁场局部失磁故障,采用时频分析方法中的 Choi-Williams 分布,提取故障特征信号,对其进行盒维数计算,并将计算结果作为转子磁场局部失磁故障的诊断依据。然而,作为 Cohen 类函数的一种,Choi-Williams 分布并没有完全解决交叉干扰项问题,存在交叉干扰项与时间 – 频率分辨率之间的矛盾。同时,为了获得故障前后较为明显的盒维数变化,文献对故障特征信号进行了二值化处理,处理过程中需要预先确定门限阈值,该门限阈值的确定基于大量的实验分析,且随着电机运行工况的变化(驱动系统转速或负载变化)而变化。因此,难以保证该方法的实际应用效果,但该方法的引入却为 PMSM 转子磁场局部失磁故障诊断提供了一个新的视角。

基于数据驱动的 PMSM 转子磁场失磁故障诊断方法,可以在独立于电机参数和系统控制方式的前提下,通过对 PMSM 驱动系统输入数据、输出数据的分析与处理,获取 PMSM 转子磁场失磁故障诊断依据。然而,对于该类方法而言,无论采取何种分析对象与处理技术,其本质均是利用 PMSM 转子磁场局部失磁时所导致的永磁体等效物理结构的不对称性,处理并提取出表征故障的电气特征信号,并将其作为转子磁场局部失磁故障的诊断依据。但对于转子磁场均匀失磁故障而言,故障的存在并不会导致 PMSM 永磁体等效物理结构的变化,故不会出现上述表征转子磁场局部失磁故障的电气特征信号,所以基于数据驱动的转子磁场失磁故障诊断方法只适用于局部失磁故障的诊断,而不适用于均匀失磁故障的诊断。

此外,针对 PMSM 转子磁场失磁故障诊断而言,一般采用无须增加驱动系统硬件开销的基于电流信号的诊断方法,而针对电动汽车等特定应用领域,微弱的故障特征信号易受基波电流及 PMSM 驱动系统测量噪声影响而出现特征信号湮没问题,限制了其对转子磁场局部失磁故障进行物理解释的难度和电气表征的直观性。为此,亟须开展微弱故障信号的有效提取及转子磁场局部失磁故障直观表征的研究,实现 PMSM 转子磁场局部失磁故障的有效、准确诊断。

1.2.2 基于模型驱动的 PMSM 转子磁场失磁故障诊断

基于模型驱动的转子磁场失磁故障诊断方法通过对 PMSM 物理模型或 PMSM 数学模型进行分析而获得转子磁链全局信息,实现转子磁场失磁故障的定性描述与定量诊断。

基于模型驱动的 PMSM 转子磁场失磁故障诊断方法中,PMSM 有限元模型是实现转子磁场失磁故障定性与定量诊断的有效手段,该方法通过对 PMSM 物理模型的分析与处理,获取 PMSM 转子磁链的准确信息,但其为物理模型,难以实现与实际 PMSM 驱动系统的衔接,且计算量大,无法实现 PMSM 转子磁链的实时获取及转子磁场失磁故障的在线诊断,多用于 PMSM 设计过程中的永磁体抗失磁设计。

由于以进化算法为代表的人工智能具有较强的非线性处理能力,可以将 PMSM 转子磁链辨识问题转化为非线性系统的动态寻优问题,实现 PMSM 转子磁链的准确辨识,辨识结果可以用于转子磁场失磁故障诊断,但如何降低其计算量,仍是亟待解决的关键技术问题。

另一类基于模型驱动的方法是采用动态数据处理技术构建转子磁链在线观测器,该方法能够为转子磁场失磁故障诊断提供精确的定量数据,且便于与其他方案融合,实现转子磁场不同失磁故障模式识别与故障补偿。为此,分别采用龙伯格观测器和最小二乘法来实现转子磁链观测,然而由于该方法敏感于测量噪声,直接影响其实际应用效果。为解决噪声环境下的转子磁链辨识,清华大学肖曦团队采用扩展卡尔曼滤波算法,在假定其他 PMSM 参数恒定的条件下,对转子磁链进行在线估计,取得了可供借鉴的研究成果。文传博等则将扩展卡尔曼滤波与小波变换相结合,提出一种同时在频域和时域进行转子磁链辨识的多尺度在线辨识方法,实现 PMSM 转子磁链的高精度在线辨识。然而,受磁路饱和及运行温升的影响,定子电阻 R_s 与 dq 轴电感 $L_{d,q}$ 均将出现一定程度的变化,影响转子磁链辨识精度。为此,将 R_s、$L_{d,q}$ 变化对转子磁链辨识精度的影响程度用诊断误差因子 μ 来表征,当 μ 较小时,认为 R_s、$L_{d,q}$ 变化对转子磁链辨识精度的影响较小,最小二乘法获得的转子磁链辨识结果可以作为 PMSM 转子磁场失磁故障定性诊断的依据;当 μ 较大时,则认为转子磁链辨识精度受参数 R_s 及 $L_{d,q}$ 变化的影响较大,此时采用辨识结果上限与设定阈值的比较结果作为 PMSM 转子磁场失磁故障定性诊断的依据。安群涛等建立了辨识 R_s、$L_{d,q}$ 及转子磁链 ψ_f 的自适应模型,实现了 PMSM 多参数的同时辨识,消除 R_s、$L_{d,q}$ 参数变化对转子磁链辨识结果的影响,然而在采用自适应算法进行多参数同时辨识时,确保辨识参数收敛的自适应率确定较为困难,极易出现因辨识方程欠秩而导致的辨识结果不收敛,且辨识结果的唯一性缺乏理论性支撑。为此,针对面装式永磁同步电机(SMPMSM)提出了一种基于模型参考自适应算法的分步辨识方法,首先利用 d 轴电压方程估算出电枢电感 L_s,再利用获得的电枢电感来实现转子磁链 y_f 和定子电阻 R_s 的满秩辨识,由于 SMPMSM 多采用 $i_d = 0$ 的控制方式,为实现 ψ_f 和 R_s 的同时辨识,该方法需要注入一定频率及幅值的 d 轴扰动电流,影响了系统的稳态性能。基于内嵌式永磁同步电机(IPMSM)R_s、ψ_f、$L_{d,q}$ 四个电磁参数的不同时间尺度,将其分成缓变参数和速变参数,并采用两个不同时间尺度的最小二乘法实现两组参数的实时辨识,为了保证辨识算法收敛及慢时间尺度最小二乘法的辨识精度,该方法仍需注入频率及幅值合理的 d 轴扰动电流,直接影响 PMSM 驱动系统性能。

基于 PMSM 动态数学模型与人工智能算法或动态数据递推相结合设计出的转子磁链观测器,可以实现转子磁链幅值的直接观测,实现转子磁场失磁故障的定性诊断,但无法识别不同失磁故障模式,即无法区分失磁故障为局部失磁故障还是均匀失磁故障,而且这类非线性辨识方法对辨识参数初始值的设定要求较高。同时,上述方法的辨识结果易受测量噪声、电机参数变化、辨识模型欠秩、确保多参数同时收敛的自适应率难以合理确定等一个或多个因素的联合影响与制约。此外,在实际应用中尚需统筹考虑辨识精度和辨识速度,解决在保证辨识结果唯一的前提下实现转子磁链辨识结果的全局最优,并对测量噪声拥有较强鲁棒性等关键技术。

1.2.3　基于高频信号注入法的 PMSM 转子磁场失磁故障诊断

高频信号注入法将转子磁场失磁前后 PMSM 磁路状态的变化所引起的 PMSM 电气特性的改变作为转子磁场失磁故障的诊断判据,该方法能够同时进行转子磁场局部失磁故障、转子磁场均匀失磁故障的诊断,实现两种故障模式的有效识别,基本实现思路为:在 PMSM 驱动系统运行过程中,受电机磁路饱和的影响,PMSM 定子瞬态电感与气隙磁通之间存在图 1-5 所示关系,在假设永磁体磁场 ϕ_m 不变的前提下,若在 PMSM 静止状态下施加一方向和幅值均可控的外磁场 ϕ_s,即可改变 PMSM 磁路饱和状态,从而改变电机定子瞬态电感与定子电流。

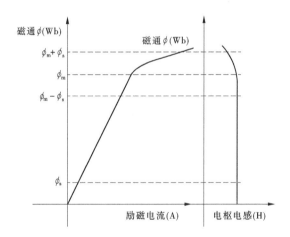

图 1-5　电感和磁通关系曲线

Fig. 1-5　Inductance VS flux curve

外磁场 ϕ_s 可以通过向逆变器注入由式(1-2)描述的电压矢量产生,即:

$$\begin{cases} v_{as}^*(\theta,\omega t) = V\cos(\theta)squ(\omega t) \\ v_{bs}^*(\theta,\omega t) = V\cos(\theta - 2\pi/3)squ(\omega t) \\ v_{cs}^*(\theta,\omega t) = V\cos(\theta + 2\pi/3)squ(\omega t) \end{cases} \quad (1\text{-}2)$$

式中　V——电压幅值；

　　　θ——电角度；

　　　$squ(\omega t)$——频率为 ω 的方波信号。

　　定义：

$$I_{pn} = I_p + I_n \tag{1-3}$$

式中　I_p——ϕ_m 与 ϕ_s 方向相同的定子电流；

　　　I_n——ϕ_m 与 ϕ_s 方向相反的定子电流。

　　若 ϕ_s 为一幅值可控的脉振磁场，则 I_{pn} 将随 θ 变化呈现出图 1-6 所示的正弦变化规律。一旦出现转子磁场均匀失磁故障，在相同位置施加同一激励时，PMSM 磁路饱和程度下降，等效电感增加，导致 I_{pn} 峰值电流减小；若出现转子磁场局部失磁故障，则合成磁场的中性面及 I_{pn} 过零点均将发生偏移。所以，该方法不仅能实现转子磁场局部失磁故障与均匀失磁故障的诊断，亦可实现两种故障模式的有效识别。

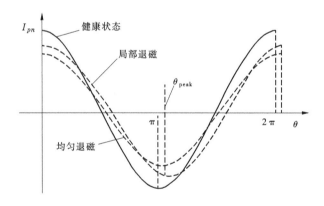

图 1-6　局部失磁和均匀失磁时 I_{pn} 变化曲线

Fig. 1-6　I_{pn} curve with uniform and local demagnetization

　　尽管该方法所需高频信号可以通过 PMSM 驱动系统逆变器产生，并实现转子磁场均匀失磁故障和局部失磁故障的诊断，以及两种不同故障模式的识别，但必须在电机静止状态下实施，无法做到实时、在线的转子磁场失磁故障诊断，且根据转子磁场失磁程度的不同叠加、不同幅值的高频激励电流，导致 PMSM 驱动系统损耗的增加。

1.3　本书主要内容

本书针对 PMSM 驱动系统转子磁场失磁故障开展深入研究,探索集转子磁场失磁故障建模、在线故障诊断、故障模式识别、故障程度评估及容错控制于一体的 PMSM 驱动系统转子磁场失磁故障综合解决方案,实现 PMSM 驱动系统的安全、可靠运行。

本书内容主要包括以下几个方面:

(1)建立不同失磁程度下的 PMSM 有限元模型、计及转子磁场失磁故障的 PMSM 驱动系统的数学模型及系统仿真模型,实现转子磁场失磁故障电气特征的定性与定量描述。

(2)在车用非平稳运行工况及噪声环境约束下,研究扩展卡尔曼滤波(EKF)、无迹卡尔曼滤波(UKF)、粒子滤波(PF)、无迹粒子滤波(UPF)等典型非线性滤波算法在 PMSM 转子磁链辨识中的应用,综合比较不同算法的辨识性能。同时,在参数敏感性分析的基础上,以 EKF 算法为例,提出考虑电机参数变化的实现转子磁链满秩辨识的统一辨识算法,确保电机参数变化条件下的转子磁链辨识结果的唯一性。在上述研究工作的基础上,提出基于代数法的 PMSM 参数辨识方法,旨在以较小计算量解决电机参数变化及辨识模型欠秩对转子磁链辨识精度的影响,实现包括转子磁链在内的所有电机电磁参数的同时在线准确辨识。

(3)研究希尔伯特黄变换(HHT)在 PMSM 转子磁场局部失磁故障诊断中的微弱故障信号分解和提取能力,指出其存在基波频率附近微弱故障特征信号容易湮没及受逆变器输出谐波影响 EMD 对局部失磁故障表征较为模糊的技术不足。提出以自适应基波提取和经验模态分解(EMD)重构滤波相结合,再基于分形维数的 PMSM 转子磁场局部失磁故障诊断方法,实现转子磁场局部失磁故障的准确诊断。

(4)提出基于模型驱动的转子磁链辨识与基于数据驱动的转子磁场局部失磁故障诊断相结合,实现转子磁场失磁故障模式的有效识别,基于故障特征信号盒维数值评价转子磁场局部失磁故障程度及故障补偿。

(5)搭建了 PMSM 驱动系统实验平台,完成本书研究内容的实验验证。

1.4　本章小结

　　本章首先分析了 PMSM 驱动系统转子磁场失磁故障的产生机制,继而综述了 PMSM 驱动系统转子磁场失磁故障诊断方法的国内外研究现状及既有成果存在的技术不足,并给出了本书的主要内容。

第 2 章 转子磁场失磁故障的 PMSM 驱动系统建模

为了实现 PMSM 转子磁场失磁故障电气特征的定性与定量描述,本章首先通过有限元软件建立描述转子磁场失磁故障的 PMSM 物理模型,并获取永磁体空载径向气隙磁密,进而通过傅里叶变换,实现失磁故障时永磁体空载径向气隙磁密的频谱分析,建立计及转子磁场失磁故障的 PMSM 数学模型。在此基础上,建立计及转子磁场失磁故障的 PMSM 驱动系统仿真模型,实现失磁故障电气特征的定性与定量描述,为开展 PMSM 驱动系统转子磁场失磁故障诊断、故障模式识别及容错控制奠定基础。

2.1 转子磁场失磁故障的 PMSM 有限元模型

有限元分析(finite element analysis,FEA)是一种建立在离散化基础之上的数值计算方法,该方法在传热学、结构分析、声学、电磁学等领域得到了广泛应用,也已成为电机设计与电磁场分析的主流方法。

为获取 PMSM 转子磁场失磁故障时的空载径向气隙磁密,本章采用 Ansoft 公司的 Maxwell V12 2D 有限元分析软件建立计及转子磁场失磁故障的 PMSM 物理模型,并执行如图 2-1 所示的求解流程,在此求解流程中,需要设置材料属性、边界条件、网格、可执行参数及后处理等多个步骤。其中,网格的设置划分对有限元分析结果起着至关重要的作用,其不仅决定了有限元软件解决问题和分析问题的能力,也决定了有限元分析过程的计算量及分析精度。网格剖分可以通过手工剖分和自动剖分两个途径实现,自动网格剖分设置相对简单且计算量小,而手工剖分则可以获得更高的求解精度,但计算量相对较大,尤其是在 PMSM 故障状态下,由于此时电机物理结构不再对称,需要建立有限元模型来实现内部电磁关系的分析与处理,若采用精细的手工剖分,计算量将成倍增加。

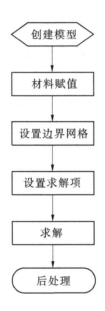

图 2-1　转子磁链求解流程

Fig. 2-1　Solving processing of
permanent magnet flux linkage

　　在转子磁场失磁故障的物理建模过程中,对于电机过载、散热条件不满足要求,且定子绕组故障原因引起的环境温度升高及大瞬态电流引起的强电枢反应产生的外磁场所导致的转子磁场失磁故障,本章在永磁体物理结构上采用集中方式予以表征。同时,鉴于转子磁场局部失磁故障的形式过于繁杂,本章以局部失磁故障集中在一个永磁体上为例予以研究。此外,鉴于转子磁场出现局部失磁故障时 PMSM 永磁体的物理结构不再对称,因此建立 PMSM 的有限元模型来分析其内部电磁关系及永磁体空载径向气隙磁密的变化。

　　图 2-2 为根据 Oak Ridge National Laboratory 公布的丰田 Prius 2004 款混合动力车用 PMSM 结构参数建立的该电机有限元分析模型,图 2-3、图 2-4 为上述电机永磁体健康状态下的空载径向气隙磁密及其傅里叶频谱图,图 2-5 ~ 图 2-7 为单个永磁体产生的转子磁场失磁 50% 时的 PMSM 有限元分析模型、永磁体空载径向气隙磁密及其傅里叶频谱图,图 2-8 ~ 图 2-10 则为全

部永磁体产生的转子磁场均匀失磁 50% 时的 PMSM 有限元分析模型、永磁体空载径向气隙磁密及其傅里叶频谱图。由于所分析 PMSM 极对数为 4,故图 2-4、图 2-7、图 2-10 中的 4 次谐波为永磁体空载径向气隙磁密基波,其余谐波为整数次(4 的整数倍谐波)或非整数次谐波(4 的非整数倍谐波),表 2-1 则为单个永磁体不同局部失磁故障程度下的永磁体空载径向气隙磁密成分(谐波成分取至 7/4 次)。由图 2-4 可见,在 PMSM 永磁体健康状态下,其空载径向气隙磁密中仅含有因 PMSM 转子结构不完全对称所导致的以 5 次和 7 次谐波为主的整数次谐波成分,而非整数次谐波含量则较为微弱;当 PMSM 出现转子磁场局部失磁故障时,永磁体径向空载气隙磁密的 k/n_p(n_p 为极对数,k 为正整数)次非整数次谐波明显增加,而各整数次谐波的变化则较为微弱,如图 2-7 所示;而由图 2-10 可见,与永磁体健康状态时相比,PMSM 出现转子磁场均匀失磁故障时并没有出现如图 2-7 所示的永磁体气隙磁密非整数次特征谐波的明显变化,只是呈现出永磁体空载径向气隙磁密基波及各整数次谐波与转子磁场均匀失磁程度成比例的衰减。

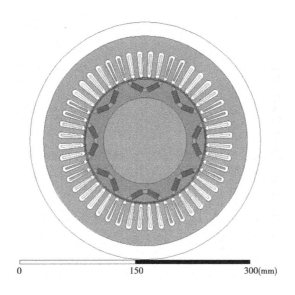

图 2-2　永磁体健康时 PMSM 有限元模型

Fig. 2-2　The finite element model of PMSM with healthy permanent magnet

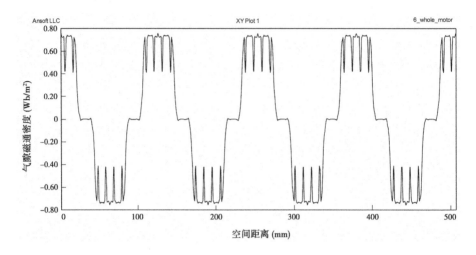

图 2-3　永磁体健康时空载径向气隙磁密

Fig. 2-3　The no load radial flux density with healthy permanent magnet

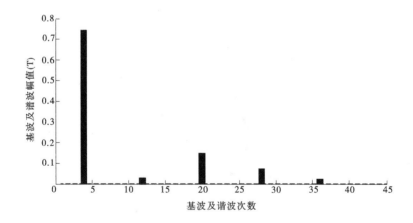

图 2-4　永磁体健康时空载径向气隙磁密傅里叶频谱

Fig. 2-4　The Fourier spectrum of No load radial flux density with
healthy permanent magnet

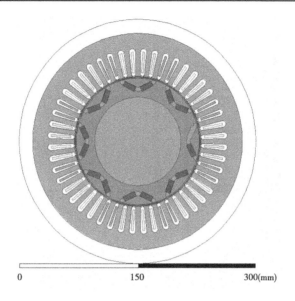

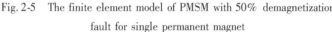

图 2-5 单个永磁体产生的转子磁场失磁 50% 时 PMSM 有限元模型

Fig. 2-5 The finite element model of PMSM with 50% demagnetization

fault for single permanent magnet

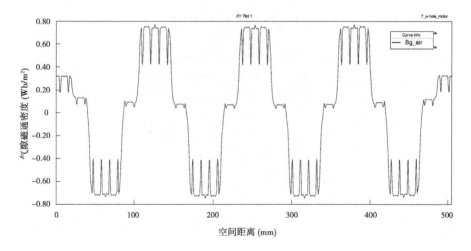

图 2-6 单个永磁体产生的转子磁场失磁 50% 时空载径向气隙磁密

Fig. 2-6 The no load radial flux density with 50% demagnetization

fault for single permanent magnet

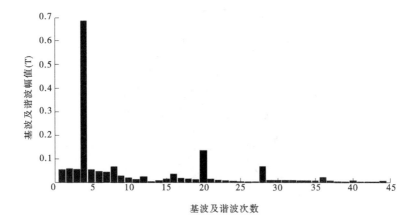

图 2-7　单个永磁体产生的转子磁场失磁 50% 时
空载径向气隙磁密傅里叶频谱

Fig. 2-7　The Fourier spectrum of no load radial flux density with

50% demagnetization fault for single permanent magnet

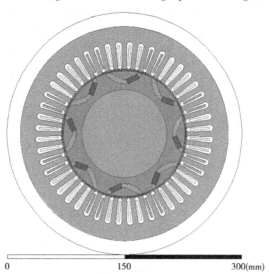

图 2-8　全部永磁体产生的转子磁场均匀失磁 50% 时
PMSM 有限元模型

Fig. 2-8　The finite element model of PMSM with 50% uniform

demagnetization fault for all permanent magnet

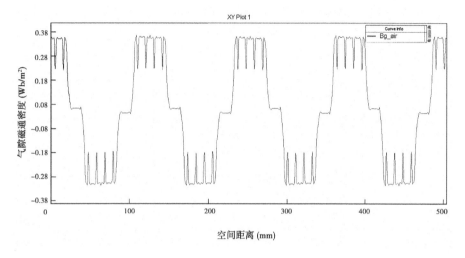

图 2-9　全部永磁体产生的转子磁场均匀失磁 50% 时永磁体空载径向气隙磁密

Fig. 2-9　No load radial flux density with 50% uniform demagnetization fault
for all permanent magnet

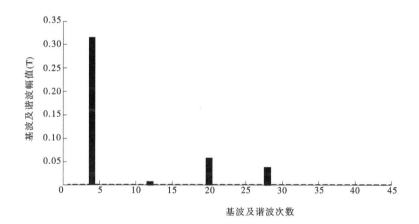

**图 2-10　全部永磁体产生的转子磁场均匀失磁 50% 时
空载径向气隙磁密傅里叶频谱**

Fig. 2-10　The Fourier spectrum of no load radial flux density with 50%
uniform demagnetization fault for all permanent magnet

表 2-1 不同局部失磁故障程度下的永磁体空载径向气隙磁密成分

Tab. 2-1 No load radial flux density with different permanent magnet local

demagnetization fault　　　（单位:T）

失磁故障程度	1/4	2/4	3/4	基波	5/4	6/4	7/4
0%	0.001 612	0.001 958	0.003 355	0.732 159	0.002 580	0.001 156	0.000 686
5%	0.003 782	0.003 693	0.006 149	0.726 849	0.007 232	0.005 270	0.004 515
10%	0.009 619	0.008 089	0.009 874	0.721 251	0.012 308	0.009 794	0.008 696
15%	0.015 998	0.014 663	0.016 659	0.715 210	0.017 840	0.014 773	0.013 255
20%	0.021 291	0.022 058	0.019 542	0.709 946	0.022 632	0.018 946	0.016 429
25%	0.027 009	0.028 421	0.026 016	0.704 667	0.027 443	0.023 326	0.021 136
30%	0.032 504	0.034 229	0.031 692	0.699 467	0.032 249	0.027 658	0.025 124
35%	0.038 723	0.040 838	0.038 149	0.693 728	0.037 641	0.032 463	0.029 561
40%	0.044 143	0.046 627	0.043 807	0.688 197	0.042 555	0.036 877	0.033 623
45%	0.050 264	0.053 443	0.050 543	0.681 495	0.048 191	0.041 974	0.038 386
50%	0.053 470	0.056 844	0.053 913	0.678 926	0.051 097	0.044 548	0.040 776

2.2　转子磁场失磁故障的 PMSM 数学模型

2.2.1　转子磁场失磁时永磁体定子绕组磁链

当 PMSM 转子磁场出现局部失磁故障时,永磁体空载径向气隙磁场中出现了明显的非整数次谐波,其傅里叶频谱可以表示为:

$$B_r(\theta) = \sum_{k=1}^{\infty} B_{k/n_p}\cos(\frac{k}{n_p}\theta) \tag{2-1}$$

式中　B_r——气隙磁场强度;

k——正整数；

n_p——极对数；

θ——d 轴(永磁体气隙磁场轴线)与 PMSM a 相轴线之间的夹角。

因此,永磁体在 PMSM abc 三相绕组中产生的磁链可以表示为:

$$\begin{cases} \psi_a = \sum_{k=1}^{\infty} \psi_{k/n_p} \cos\left(\frac{k}{n_p}\theta\right) \\ \psi_b = \sum_{k=1}^{\infty} \psi_{k/n_p} \cos\left[\frac{k}{n_p}\left(\theta - \frac{2}{3}\pi\right)\right] \\ \psi_c = \sum_{k=1}^{\infty} \psi_{k/n_p} \cos\left[\frac{k}{n_p}\left(\theta + \frac{2}{3}\pi\right)\right] \end{cases} \tag{2-2}$$

ψ_{k/n_p} 为永磁体在 PMSM 三相定子绕组中产生的基波(正整数 k 取为极对数 n_p)与各次谐波磁链幅值,其值可以通过式(2-3)计算获取。

$$\psi_v = \frac{2}{\pi}\left(l_{ef}\frac{\tau}{v}\right)B_v(NK_{dpv}) \tag{2-3}$$

式中 l_{ef}——电枢铁芯的有效长度；

τ——电机极距；

ψ_v——永磁体第 v 次谐波磁密幅值；

B_v——第 v 次气隙磁通密度谐波；

N——定子电枢绕组每相串联匝数；

K_{dpv}——第 v 次谐波绕组系数；

v——转子磁链谐波次数,取为公式(2-2)中的 k/n_p。

2.2.2 转子磁场失磁时 PMSM 数学模型

为了建立 dq 轴系上的 PMSM 数学模型,做出如下假设:

(1)忽略铁芯饱和、涡流损耗及磁滞损耗；

(2)转子上无阻尼绕组；

(3)永磁材料电导率为零；

(4)定子绕组中感应电势正弦。

基于上述假设和坐标变换理论,获得 PMSM 定子端电压约束方程为:

$$\begin{cases} u_d = R_s i_d + \frac{\mathrm{d}\psi_d}{\mathrm{d}t} - \omega_e \psi_q \\ u_q = R_s i_d + \frac{\mathrm{d}\psi_q}{\mathrm{d}t} - \omega_e \psi_d \end{cases} \tag{2-4}$$

dq 轴定子磁链方程为:

$$\begin{cases} \psi_d = L_d i_d + \psi_f \\ \psi_q = L_q i_q \end{cases} \tag{2-5}$$

电磁转矩方程为:

$$T_e = n_p (\psi_d i_q - \psi_q i_d) \tag{2-6}$$

机电运动方程为:

$$T_e - T_L = J \frac{\mathrm{d}(\omega_e / n_p)}{\mathrm{d}t} \tag{2-7}$$

式中　u_d、u_q——dq 轴定子电压;

　　　i_d、i_q——dq 轴定子电流;

　　　ψ_d、ψ_q——dq 轴定子磁链;

　　　L_d、L_q——dq 轴定子绕组电感;

　　　ψ_f——永磁体基波磁场在定子绕组中产生的磁链;

　　　R_s——定子电阻;

　　　T_e——电磁转矩;

　　　T_L——负载转矩;

　　　ω_e——转子电气角速度;

　　　n_p——电机极对数。

　　一旦出现转子磁场局部失磁故障,转子磁场中除基波成分外,亦将出现大量的非整数次谐波,并产生大量如式(2-2)所示的永磁体定子绕组谐波磁链,对于式(2-2)所示的 abc 坐标系上的定子磁链仍然可以通过坐标变换转换为 dq 坐标系上的定子磁链。

　　为了在保证 PMSM 转子磁场局部失磁故障建模精度的同时兼顾模型复杂度,降低计算量,本章重点关注能够有效描述转子磁场局部失磁故障的非整数次谐波磁链,由图 2-7 可知,出现转子磁场局部失磁故障时,以 7/4 次以内的非整数次气隙磁密的变化最为明显,因此本章将非整数次气隙磁密特征谐波取到 7/4 次。同时,考虑到 $6n \pm 1$(n 为正整数)次气隙磁密谐波主要由 PMSM 转子结构不完全对称所导致,受转子磁场局部失磁故障的影响较小,且其产生的谐波磁链随着谐波次数的升高而明显下降,故在建模过程中仅取幅值较大的 5 次和 7 次谐波,变换结果如式(2-8)所示。

$$\begin{cases} \psi_{rd} = \dfrac{1+\sqrt{3}}{3}(\psi_{3/4}+\psi_{5/4})\cos(\theta/4) + \dfrac{2}{3}(\psi_{2/4}+\psi_{6/4})\cos(2\theta/4) + \dfrac{1}{3}(\psi_{1/4}+\psi_{7/4}) \\ \qquad \cos(3\theta/4) + \psi_1 + \dfrac{1-\sqrt{3}}{3}\psi_{1/4}\cos(5\theta/4) - \dfrac{1}{3}\psi_{2/4}\cos(6\theta/4) + \dfrac{1-\sqrt{3}}{3} \\ \qquad \psi_{3/4}\cos(7\theta/4) + \psi_2\cos(3\theta) + \dfrac{1}{3}\psi_{5/4}\cos(9\theta/4) + \dfrac{2}{3}\psi_{6/4}\cos(10\theta/4) + \\ \qquad \dfrac{1+\sqrt{3}}{3}\psi_{7/4}\cos(11\theta/4) + (\psi_5+\psi_7)\cos(6\theta) \\[4pt] \psi_{rq} = \dfrac{1+\sqrt{3}}{3}(\psi_{5/4}-\psi_{3/4})\sin(\theta/4) + \dfrac{2}{3}(\psi_{6/4}-\psi_{2/4})\sin(2\theta/4) + \dfrac{1}{3}(\psi_{7/4}- \\ \qquad \psi_{1/4})\sin(3\theta/4) + \dfrac{\sqrt{3}-1}{3}\psi_{1/4}\sin(5\theta/4) + \dfrac{1}{3}\psi_{2/4}\sin(6\theta/4) + \dfrac{\sqrt{3}-1}{3}\psi_{3/4} \\ \qquad \sin(7\theta/4) - \psi_2\sin(3\theta) - \dfrac{1}{3}\psi_{5/4}\sin(9\theta/4) - \dfrac{2}{3}\psi_{6/4}\sin(10\theta/4) - \dfrac{1+\sqrt{3}}{3} \\ \qquad \psi_{7/4}\sin(11\theta/4) + (-\psi_5+\psi_7)\sin(6\theta) \end{cases}$$

$$(2\text{-}8)$$

根据式(2-8),即可获得转子磁场失磁故障时的 PMSM 磁链方程。

$$\begin{cases} \psi_{fd} = L_d i_d + \psi_{rd} \\ \psi_{fq} = L_q i_q + \psi_{rq} \end{cases} \tag{2-9}$$

式中　ψ_{rd}、ψ_{rq}——失磁故障时 dq 轴转子磁链;

ψ_{fd}、ψ_{fq}——转子磁场失磁故障时 dq 轴定子磁链。

将式(2-9)代入式(2-4)和式(2-6)即可获得转子磁场失磁故障时 PMSM 端电压约束方程和电磁转矩方程为:

$$\begin{cases} u_d = R_s i_d + \dfrac{\mathrm{d}\psi_{fd}}{\mathrm{d}t} - \omega_e\psi_{fq} \\[6pt] u_q = R_s i_q + \dfrac{\mathrm{d}\psi_{fq}}{\mathrm{d}t} - \omega_e\psi_{fd} \end{cases} \tag{2-10}$$

$$T_e = n_p(\psi_{fd}i_q - \psi_{fq}i_d) \tag{2-11}$$

联立式(2-7)、式(2-9)、式(2-10)、式(2-11)即可获得计及转子磁场失磁故障同步旋转 dq 轴系上的 PMSM 数学模型。

尽管本章的建模思路建立在转子磁场局部失磁故障分析基础之上,但鉴于转子磁场失磁故障是通过 PMSM 磁链方程来描述,因此所建立的计及转子磁场失磁故障的 PMSM 数学模型具有普遍适用性,可以作为转子磁场健康状态、转子磁场局部失磁故障、转子磁场均匀失磁故障及考虑转子结构不完全对称所引起的空间气隙磁密谐波时的统一数学模型。

2.3　转子磁场失磁故障的 PMSM 驱动系统仿真分析

　　基于建立的考虑转子磁场失磁故障的 PMSM 数学模型架构 PMSM 驱动系统,其结构框图如图 2-11 所示,电机额定参数如表 2-2 所示,PMSM 驱动系统采用转速外环和电流内环相结合的双闭环结构,实现矢量控制的 PMSM 驱动系统的 MTPA 运行。

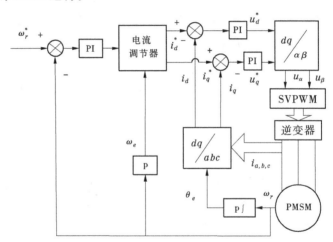

图 2-11　矢量控制的 PMSM 驱动系统

Fig. 2-11　The vector controlled PMSM drive system

　　采用 MATLAB/SIMULINK 软件建立计及转子磁场失磁故障的 PMSM 驱动系统仿真模型,设定转速为 0 ~ 750 r/min 斜坡起动、负载转矩 50 N·m。图 2-12 为上述系统运行工况下,永磁体健康时 PMSM 的转速动态及电磁转矩动态仿真结果,图 2-13 ~ 图 2-15 则分别为上述系统工况稳态运行时转子磁场健康、单个永磁体产生的转子磁场局部失磁 50% 及所有永磁体产生的转子磁场均匀失磁 50% 时的 PMSM 定子电流、定子电流傅里叶频谱图及电磁转矩傅里叶频谱图。

表 2-2　电机额定参数
Tab. 2-2　Motor parameters

电机参数	数值	电机参数	数值
额定功率	50 kW	d 轴电感	$L_d = 0.002\ 517$ H
额定转速	900 r/min	q 轴电感	$L_q = 0.005\ 99$ H
极对数	$p = 4$	转子磁链	0.173 2 Wb
定子电阻	0.015 4 Ω	转动惯量	0.006 25 kg · m²

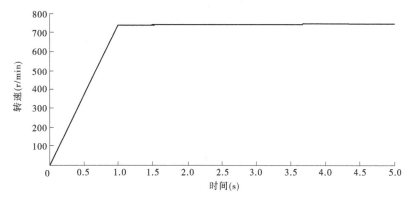

（a）PMSM 转速动态仿真结果

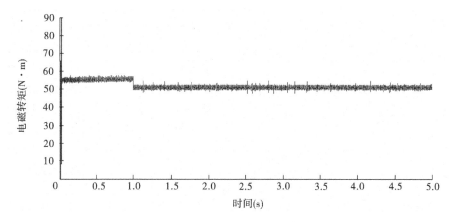

（b）PMSM 电磁转矩动态仿真结果

图 2-12　转子磁场健康时 PMSM 转速动态及电磁转矩动态仿真结果

Fig. 2-12　The simulation results of speed dynamic and electromagnetic
torque dynamic of PMSM under healthy permanent magnet

由图 2-13 可见,当转子磁场健康时,PMSM 定子相电流中出现了微弱的 5 次及 7 次谐波电流,并在电磁转矩中出现了定子电流基波频率的 6 倍频谐波转矩脉动。而在转子磁场出现局部失磁故障时,除上述 5 次及 7 次谐波电流外,PMSM 定子电流中亦出现了大量的如式(1-1)所示的非整数次谐波电流分量,如图 2-14 所示。上述谐波电流的出现将导致 PMSM 电磁转矩中产生大量的谐波成分,进而导致 PMSM 转速脉动,影响 PMSM 驱动系统的运行质量与控制精度。而从转子磁场失磁故障诊断的角度来看,这些谐波电流的存在亦可以作为实施转子磁场局部失磁故障诊断的有效依据。当转子磁场出现均匀失磁故障时,图 2-15 所示的 PMSM 定子电流因转子磁链的降低而出现了一定

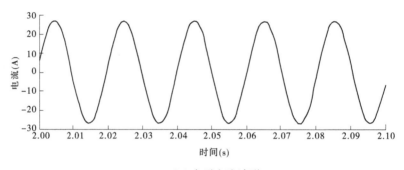

(a)定子电流波形

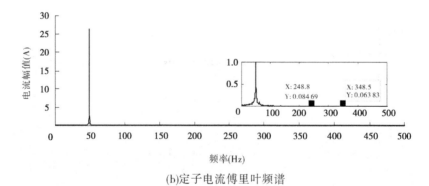

(b)定子电流傅里叶频谱

图 2-13　转子磁场健康时定子电流及其傅里叶频谱、电磁转矩傅里叶频谱

Fig. 2-13　Stator current and its Fourier spectrum, the Fourier spectrum of electromagnetic torque with healthy permanent magnet

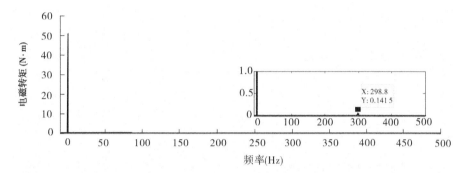

(c)电磁转矩傅里叶频谱

续图 2-13

续 Fig. 2-13

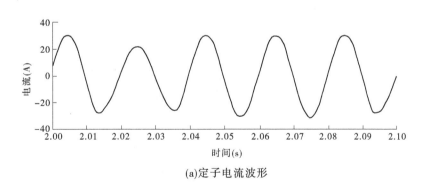

(a)定子电流波形

图 2-14　单个永磁体产生的转子磁场局部失磁 50% 时的 PMSM 定子电流及其傅里叶频谱、电磁转矩傅里叶频谱

Fig. 2-14　Stator current and its Fourier spectrum, the Fourier spectrum of electromagnetic torque with 50% demagnetization for single permanent magnet

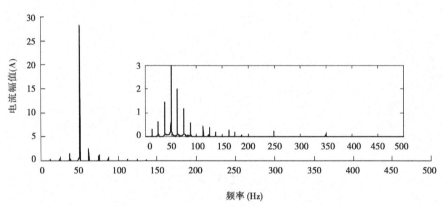

(b) 定子电流傅里叶频谱

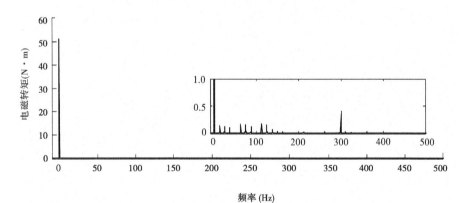

(c) 电磁转矩傅里叶频谱

续图 2-14
续 Fig. 2-14

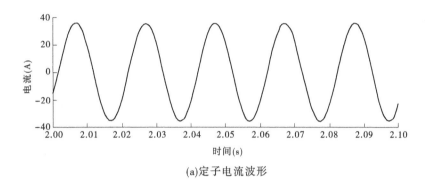

(a)定子电流波形

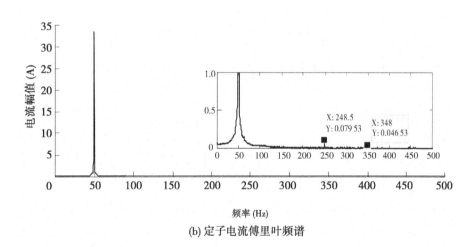

(b) 定子电流傅里叶频谱

图 2-15　永磁体产生的转子磁场均匀失磁 50% 时的 PMSM 定子电流及其傅里叶频谱、
电磁转矩傅里叶频谱

Fig. 2-15　Stator current and its Fourier spectrum, the Fourier spectrum of electromagnetic
torque with 50% uniform demagnetization

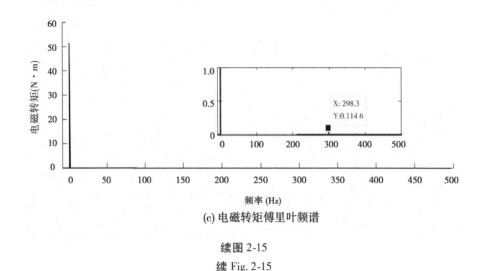

(c) 电磁转矩傅里叶频谱

续图 2-15

续 Fig. 2-15

程度的上升,以确保电机输出的电磁转矩与负载转矩相平衡,但其定子电流中并没有出现图 2-14 所示的表征转子磁场局部失磁故障的定子电流特征谐波。究其原因在于:转子磁场局部失磁故障的出现将加剧 PMSM 永磁体等效物理结构的不对称,从而导致永磁体空间径向气隙磁密及 PMSM 定子绕组磁链中出现特定次谐波成分,并在 PMSM 定子电流中以公式(1-1)所示的故障特征谐波形式表征出来;而对于转子磁场均匀失磁故障而言,该故障的存在并不会加剧 PMSM 永磁体等效物理结构的不对称,故不会出现上述电气故障特征信号,即不会在 PMSM 定子电流和输出电磁转矩中出现类似图 2-14(b)和图 2-14(c)所示的故障特征谐波。

2.4　本章小结

　　基于计及转子磁场失磁故障的 PMSM 有限元建模及有限元分析,建立了计及转子磁场失磁故障的 PMSM 数学模型,架构了 PMSM 驱动系统且建立了PMSM 驱动系统仿真模型。系统仿真研究结果表明:所建立的 PMSM 数学模型及所架构的 PMSM 驱动系统模型具有通用性强的技术优势,便于研究 PMSM 驱动系统在转子磁场健康状态、局部失磁故障或均匀失磁故障时的电机定子电流不同电气表征,为开展 PMSM 驱动系统不同故障模式的有效诊断、故障模式识别及容错控制研究奠定了坚实的基础。

第 3 章　PMSM 驱动系统实验平台设计

本章以 dSPACE 实时控制系统—标准组件系统 PX10 为控制核心,通过硬件外围、控制算法及人机交互界面设计,搭建 PMSM 驱动系统实验平台,为本书 PMSM 驱动系统转子磁场失磁故障诊断技术的实验验证奠定基础。

3.1　dSPACE 实时控制系统概述

dSPACE 实时控制系统是由德国 dSPACE 公司提供的一种基于 MATLAB/SIMULINK 软件的机电控制系统开发平台,该平台不仅包含诸如核心处理器、输入输出接口等计算能力较强的硬件外围,其软件环境亦可方便地生成控制代码,并进行实时、在线调试。相较于其他控制系统开发工具,dSPACE 实时控制系统具有组合型好、过渡性强、对产品型控制器支持度高等诸多优势,有利于系统控制算法的设计与实现,可大幅度缩短系统开发周期,降低开发成本,其系统开发流程一般涵盖如下几个步骤:

(1)控制算法设计、控制算法的 MATLAB/SIMULINK 建模与离线仿真;

(2)保留仿真模型中需要下载到 dSPACE 实时控制系统的功能模块,采用 RTI 库中的输入输出接口替换 SIMULINK 逻辑关系,并按照系统实际需求配置输入输出接口;

(3)基于 Matlab RTW 及 dSPACE 实时控制系统提供的 RTI,实现自动代码生成、编译及下载;

(4)基于 Control Desk 调试环境对实时系统进行数据获取及在线参数调整,具体流程如图 3-1 所示。

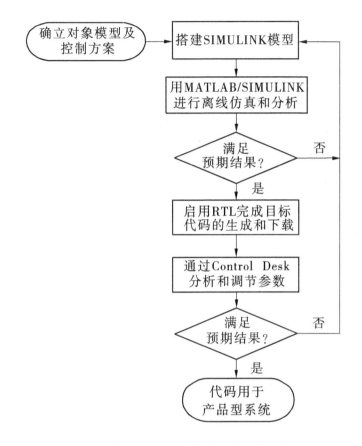

图 3-1　基于 dSPACE 的控制系统开发流程

Fig. 3-1　The flow chart of control system development based on dSPACE

3.2　PMSM 驱动系统实验平台硬件设计

采用 dSPACE 实时控制系统——标准组件系统 PX10 作为控制单元架构 PMSM 驱动系统实验平台的硬件系统,PX10 主要包括 DS1005 核心处理器模块、DS5202 交流电机接口模块、DS5202 交流电机 PWM 信号输出模块、PHS 总线等,系统实物如图 3-2 所示,图 3-3 是以 PX10 为控制单元设计的 PMSM 驱动系统实物图。

图 3-2　dSPACE PX10 标准组件系统实物图

Fig. 3-2　The picture of dSPACE PX10 standard modular system

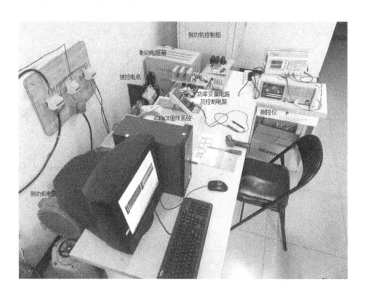

图 3-3　PMSM 驱动系统实物图

Fig. 3-3　The picture of PMSM drive system

PMSM 驱动系统结构框图如图 3-4 所示,其中,硬件系统主要包括 DS1005 核心处理器模块,基于 FPGA 的 DS5202 交流电机接口电路、功率变换电路、驱动与隔离电路、采样与调理电路、保护与锁存电路等。DS1005 核心处理器模块采用主频 1 GHz 的处理器 PowerP750GX 执行核心控制算法。基于 FPGA 的交流电机接口模块 DS5202 提供 8 路最大采样频率 10 MHz、供电电压可编程的 ADC 实现模拟量转换。其 4 路数字输出中的 2 路经隔离放大后用于控制直流缓冲电路及能耗制动电路,6 路 PWM 输出信号经隔离放大后用于驱动功率变换电路,1 路增量式光电编码器接口电路用于实现 PMSM 转速及位置信号获取,驱动电机参数如表 3-1 所示。

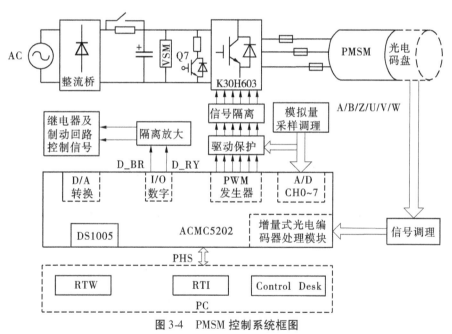

图 3-4　PMSM 控制系统框图

Fig. 3-4　The block diagram of PMSM control system

3.2.1　功率变换及驱动隔离电路

功率变换及驱动隔离电路包括整流电路、滤波电路、能耗制动电路、三相逆变电路、驱动及隔离电路等基本电路单元,实现电能变换并驱动 PMSM 系统的稳定运行。

表 3-1　PMSM 参数

Tab. 3-1　PMSM parameters

电机参数	数值	电机参数	数值
额定电压	380 V	d 轴电感	$L_d = 1.273$ mH
额定转速	2 500 r/min	q 轴电感	$L_q = 1.273$ mH
极对数	$p = 4$	转子磁链	0.128 3 Wb
定子电阻	0.28 Ω	转动惯量	0.002 14 kg·m²

3.2.1.1　整流电路

整流电路采用电压、电流定额分别为 600 V 与 25 A 的单相不控整流模块,其容量满足本书设计需求。

为保证直流侧电压质量,二极管整流输出电压需进行电容滤波,滤波电容在系统上电瞬间将产生较大的充电电流,可能导致整流模块损坏。因此,需在整流电路后面接入缓冲电路予以限制,本书采用缓冲电阻与继电器并联缓冲电路抑制滤波电容瞬态充电电流。缓冲电阻的选择需综合考虑直流电压建压时间、滤波电容充电电流及控制系统可靠性,并做出合理折中。结合所设计系统的实际运行情况,选取两个阻值为 100 Ω、功率为 8 W 的水泥电阻并联作为缓冲电阻,以确保实验系统的安全可靠运行。

3.2.1.2　滤波电路

为提高电压型逆变器直流侧电压质量,整流电路输出端通常需并联电解电容及高频滤波电容,根据工程设计经验,电解电容的容值(C_1)计算公式为:

$$C_1 = \frac{0.2I}{8f}\Delta U \tag{3-1}$$

式中　I——直流侧电流,取为被控电机额定电流;

　　　f——输入电压频率,即 50 Hz;

　　　ΔU——直流侧电压纹波,取为直流电压的 0.5%。

综合考虑系统过载等因素,系统采用 4 个耐压为 450 V、容值为 1 000 μF 的电解电容并联使用,同时并联一个 630 V、0.1 μF 的聚丙烯电容(CBB)滤除单相整流电路高频谐波。

3.2.1.3　能耗制动电路

由于直流侧采用二极管不控整流电路,驱动系统制动状态下的能量回馈将导致直流侧电压泵升,危及驱动系统及滤波电容的运行安全,对于中小功率 PMSM 驱动系统而言,常采用能耗制动方式限制直流侧电压泵升。基本思路为:检测直流侧电压,并与设定阈值比较,一旦高于设定阈值,则通过制动电阻消耗回馈能量,避免直流侧电压的泵升,确保滤波电容安全及驱动系统的可靠运行,制动电阻的选择需同时兼顾功率与阻值两个参数。

3.2.1.4　三相逆变、驱动及隔离电路

逆变电路的主要作用是实现功率形式变换,以驱动 PMSM 可靠运行。实际系统中采用额定电压 600 V、额定电流 30 A 的英飞凌 K30N60 IGBT 组成三相全桥逆变电路。

同时,为实现控制器输出驱动信号与功率变换电路实际所需驱动信号之间的电平匹配,以及强、弱电系统之间的电气隔离,需加入驱动及隔离电路,以保证功率变换电路的可靠工作和 PMSM 驱动系统的安全可靠运行。三相全桥逆变电路采用 IGBT 专用六路高压集成芯片 IR2130 进行驱动,隔离电路采用双通道高速光耦 HCPL2631 实现,并与 74HC04 反相器相协配,实现控制器有效电平与 IR2130 有效驱动电平的匹配。

3.2.2　采样调理及保护电路

为实现 PMSM 矢量控制系统可靠运行所需信号的有效采样与调理,需设置直流母线电压、PMSM 定子电流及转速和位置等信号的采样与调理电路。直流母线电压及 PMSM 定子电流采样与调理电路分别如图 3-5 和图 3-6 所示。

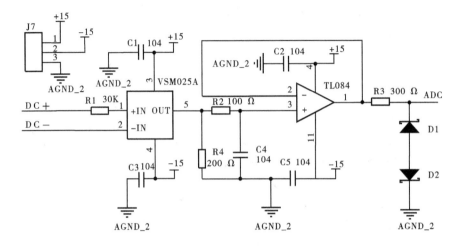

图 3-5　直流母线电压采样与调理电路

Fig. 3-5　The sampling and conditioning circuit of DC bus voltage

直流侧电压采用霍尔电压传感器 VSM025A 采样,采样信号首先通过 RC (100 Ω、0.1 μF)一阶低通滤波滤除高频干扰,再通过电压跟随实现电压传感器与 A/D 转换器之间的阻抗匹配,两只反串联的稳压管 D_1、D_2 用于限制 ADC 输入电压幅度。PMSM 定子电流采样采用日本 TAMURA　L18P015D15 电流互感器,其调理电路结构及工作过程与图 3-5 直流母线电压调理电路一致。

转速及位置信号由驱动电机内置增量式光电编码器提供,供电电源由 DS 1005 控制器板提供,故无须隔离处理,经简单滤波处理后即可送至 ACMC5202 增量式光电编码器处理接口。

为确保 PMSM 驱动系统安全,设置了直流母线过压保护与 PMSM 过流保护。直流母线过压保护电路如图 3-7 所示,一旦检测到直流母线电压高于设定值,比较器输出跳变为低电平,经 RCD 电路处理后,获得过压保护信号,RCD 电路的主要作用是防止系统噪声或毛刺信号导致的比较器输出跳变。

图 3-8 是以 PMSM A 相电流为例的过流保护电路,一旦检测到 A 相实际电流大于设定的正门限值或小于设定的负门限值,比较器输出跳变为低电平。三相过流保护输出信号与直流侧电压过压保护输出信号经线与光、电隔离后进行故障信号锁存,并经反向处理后送往驱动芯片 IR2130 的故障保护端,封锁驱动信号。

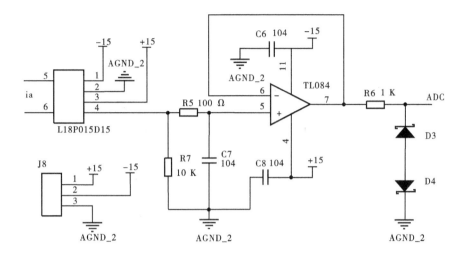

图 3-6 定子电流采样与调理电路

Fig. 3-6 The sampling and conditioning circuit of stator current

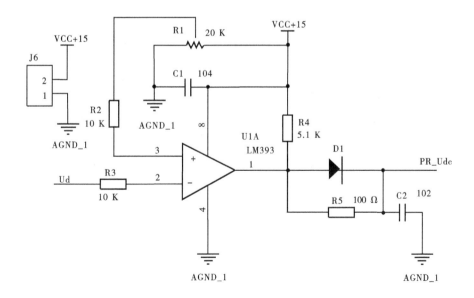

图 3-7 直流母线过压保护电路

Fig. 3-7 The over voltage protection circuit

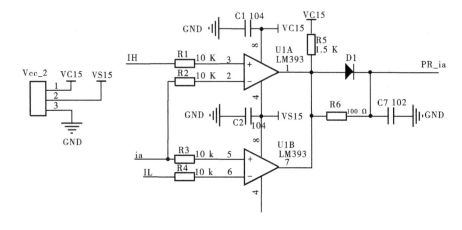

图 3-8　过流保护电路

Fig. 3-8　The over current protection circuit

3.3　PMSM 驱动系统实验平台软件设计

　　基于 dSPACE 开发平台的实时控制系统软件设计具有快速原型(rapid control prototyping, RCP)和硬件在环(hardware-in-the-loop, HIL)两种方式。前者的被控对象为实物电机,并采用 dSPACE 单板或组件系统构成控制器,以减少编程工作量,缩短研发周期。后者则采用工业控制器,并由 dSPACE 组件系统实现被控对象运行状态的模拟,该方式便于模拟被控对象的极限工作状态,提高所设计实验系统的运行可靠性,本书采用快速原型控制方式设计、开发 PMSM 驱动系统。

3.3.1　半实物控制系统模型的建立

　　基于 dSPACE 快速原型方式开发、设计 PMSM 驱动系统时,需将系统仿真模型中的功率变换电路及被控对象删除,并引入相应的 RTI 模块,即可得到基于 dSPACE 组件系统 PX10 的 PMSM 半实物驱动系统模型。为了便于实现半实物控制系统的建模,dSPACE 在 MATLAB/SIMULINK 软件中嵌入 RT1005 以提供强大的实时接口资源,实现其与外围硬件系统的连接,所用到的 RTI 接口通常包括数模转换接口、数字输入输出接口、PWM 接口及光电编码器接口等。另外,为提高算法执行的可靠性和效率,应首先完成求解器界面设置、优化界面设置、信号参数界面设置、代码生成界面设置、仿真选择界面设置、下载选项设置及逆变器控制死区设置等相关选择项。

3.3.2　基于 Control Desk 的 PMSM 驱动系统调试界面设计与数据存储

完成 PMSM 半实物控制系统建模后,通过软件编译即可生成系统描述文件和可执行代码,实现 PMSM 驱动系统的实时控制、在线调参,以及被测量的实时存储与调用。基于 Control Desk 设计的 PMSM 驱动系统调试界面共分为三层,分别实现控制参数设置、控制参数在线调整及控制参数被测量显示。图 3-9 为设定转速 750 r/min、负载转矩 3 N·m 时的 PMSM 定子电流、转速及转子位置角等数据实时存储后,基于 MATLAB 软件离线显示的被测量动态波形,实际测试结果证实了所设计的 PMSM 驱动系统硬件和软件的合理有效性。

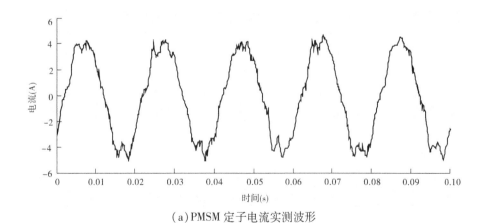

(a) PMSM 定子电流实测波形

图 3-9　PMSM 定子电流、转速及转子位置角实测波形

Fig. 3-9　The measured waveform of PMSM stator current, speed and rotor position

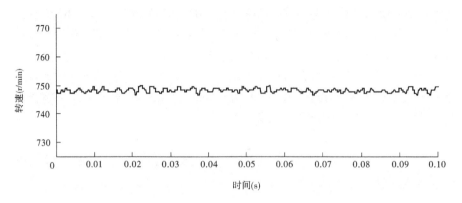

（b）PMSM 转速实测波形

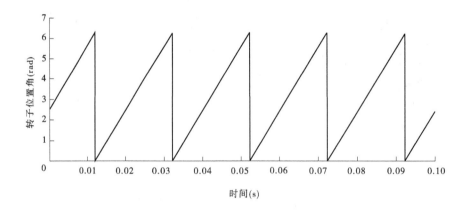

（c）PMSM 转子位置角实测波形

续图 3-9
续 Fig. 3-9

3.4　本章小结

　　本章首先以 dSPACE 组件系统 PX10 为控制单元设计 PMSM 驱动系统实验平台的软、硬件系统,完成了采样与调理电路、功率变换电路、隔离与驱动电路及保护与锁存电路的设计与调试。其次,基于 SIMULINK 软件和 RTI 模块库实现了 PMSM 驱动系统的控制算法设计与调试,并基于 Control Desk 设计了人机接口,实现了控制参数的在线设置、在线调整及被测量的实时显示与存储。最后,对所设计的 PMSM 驱动系统软、硬件进行了联调,并且通过 PMSM 驱动系统运行的实测结果证实了 PMSM 驱动系统实验平台设计的正确性。

第 4 章　基于模型驱动的 PMSM 转子磁场均匀失磁故障诊断

4.1　基于转子磁链辨识的 PMSM 转子磁场均匀失磁故障诊断

　　对于 PMSM 驱动系统而言,常因过载、散热条件不满足要求及定子绕组故障等原因而导致电机永磁体工作环境温度升高,引起永磁体产生的转子磁场均匀失磁故障,并形成均匀失磁故障与环境温度之间的恶性循环,加快失磁进程。然而,该故障模式并不会造成 PMSM 永磁体等效物理结构的不对称,在电机定子电流中不会出现式(1-1)所示的故障特征谐波。因此,基于定子电流故障特征谐波的诊断方法并不适合转子磁场均匀失磁故障的诊断。为此,针对 PMSM 转子磁场均匀失磁故障,本章采用模型驱动的方法辨识转子磁链,实现 PMSM 转子磁场均匀失磁故障的诊断。

　　基于模型驱动的 PMSM 转子磁链辨识方法主要包括 PMSM 有限元模型法、以进化算法为代表的人工智能法,以及基于动态数据处理技术的在线辨识法。有限元模型法通过对 PMSM 有限元模型的分析、处理,获取 PMSM 准确的转子磁链信息,但其为物理模型,难以实现与实际 PMSM 驱动系统的衔接,且计算量大,无法实现 PMSM 驱动系统运行过程中转子磁链的实时获取及失磁故障诊断,多用于 PMSM 设计过程中的永磁体抗失磁性能的优化。

　　以进化算法为代表的人工智能方法,由于其具有较强的非线性处理能力,可以将 PMSM 转子磁链辨识问题转化为非线性系统的动态寻优问题,实现 PMSM 转子磁链的准确辨识,辨识结果可以作为转子磁场均匀失磁故障诊断的依据,但如何降低其计算量,仍是亟待解决的关键技术问题。

　　基于动态数据处理技术构建转子磁链在线观测器,能够在线准确获取

PMSM 转子磁链,为转子磁场均匀失磁故障诊断提供准确的定量数据,且便于与其他方案融合,实现转子磁场失磁故障模式识别与故障补偿。为此,龙贝格观测器、最小二乘法、扩展卡尔曼滤波器、模型参考自适应等算法先后被用于转子磁链观测器设计,以实现转子磁链在线辨识,然而该类方法普遍受测量噪声、电机参数变化,以及考虑参数变化时辨识模型欠秩等因素的联合制约,在实际应用中直接影响转子磁链的辨识精度。

综上所述,为实现 PMSM 转子磁场均匀失磁故障的准确诊断,亟须重点解决转子磁链辨识过程中的噪声干扰、电机参数变化、考虑参数变化时的辨识模型欠秩、降低辨识过程的计算量及合理兼顾 PMSM 转子磁链的辨识精度和辨识速度等关键技术问题。

为此,本章基于动态数据处理技术构建转子磁链在线观测器,以实现 PMSM 转子磁链的在线辨识,并致力于解决转子磁链辨识过程中亟须解决的关键技术问题,获取准确的转子磁链信息,为转子磁场均匀失磁故障在线诊断提供依据。本章首先在不考虑电机参数变化的前提下,研究扩展卡尔曼滤波、无迹卡尔曼滤波、粒子滤波、无迹粒子滤波等典型非线性滤波方法在 PMSM 转子磁链辨识中的应用,并对上述方法的辨识性能进行比较分析。其次,基于 PMSM 参数变化对转子磁链辨识性能的影响分析,提出考虑测量噪声干扰、电机参数变化等制约因素的转子磁链满秩辨识方案。最后,提出基于代数法的 PMSM 转子磁链辨识方法,旨在考虑测量噪声干扰、电机参数变化、辨识模型欠秩等条件约束下,实现 PMSM 转子磁链辨识精度和辨识速度的合理兼顾。

4.2　转子磁链辨识的 PMSM 状态方程

在 dq 同步旋转坐标系下,PMSM 的动态电流方程为:

$$\begin{cases} \dfrac{\mathrm{d}i_d}{\mathrm{d}t} = \dfrac{u_d}{L_d} - \dfrac{R_s}{L_d}i_d + \dfrac{\omega_e L_q}{L_d}i_q \\ \dfrac{\mathrm{d}i_q}{\mathrm{d}t} = \dfrac{u_q}{L_q} - \dfrac{R_s}{L_q}i_q - \dfrac{\omega_e L_d}{L_q}i_d - \dfrac{\omega_e \psi_f}{L_q} \end{cases} \tag{4-1}$$

式中　u_d、u_q——dq 轴定子电压;

　　　i_d、i_q——dq 轴定子电流;

　　　R_s——定子电阻;

L_d、L_q——dq 轴定子绕组电感；

ψ_f——转子磁链；

ω_e——转子电气角速度。

为实现 PMSM 转子磁链 ψ_f 的在线辨识，需要将其作为状态变量来处理。考虑到转子磁链的缓变特性，在动态系统的一个控制周期内可以认为其变化量为零，联立式（4-1）即可获得用于转子磁链辨识的 PMSM 状态方程，如式（4-2）所示。

$$\begin{cases} \dfrac{\mathrm{d}i_d}{\mathrm{d}t} = \dfrac{u_d}{L_d} - \dfrac{R_s}{L_d}i_d + \dfrac{\omega_e L_q}{L_d}i_q \\[2mm] \dfrac{\mathrm{d}i_q}{\mathrm{d}t} = \dfrac{u_q}{L_q} - \dfrac{R_s}{L_q}i_q - \dfrac{\omega_e L_d}{L_q}i_d - \dfrac{\omega_e \psi_f}{L_q} \\[2mm] \dfrac{\mathrm{d}\psi_f}{\mathrm{d}t} = 0 \end{cases} \tag{4-2}$$

根据式（4-2）描述的 PMSM 状态方程，系统状态向量 x、输入向量 u 及输出向量 ψ 可以分别表示为

$$x = \begin{bmatrix} i_d & i_q & \psi_f \end{bmatrix}^{\mathrm{T}} \qquad u = \begin{bmatrix} \dfrac{u_d}{L_d} & \dfrac{u_q}{L_q} \end{bmatrix} \qquad y = \begin{bmatrix} i_d & i_q \end{bmatrix} \tag{4-3}$$

由于转子磁链包含在状态变量中，通过一定的非线性滤波方法即能实现非线性系统的状态估计，从而实现 PMSM 转子磁链的在线辨识。

4.3　PMSM 转子磁链的非线性辨识

贝叶斯滤波为动态系统的状态估计提供了一套完整的、具有严格数学意义的统一处理框架，该方法通过利用所有可能获得的信息实现系统状态后验概率密度函数（probability density function，PDF）的构建，由于 PDF 包含了系统状态估计过程中所有期望得到的统计信息，故可将其看作被估计问题的完整解析解。因此，贝叶斯处理框架给出了状态估计问题完整解析解的通用表达式，在系统状态的非线性估计过程中，如果能直接获得这种通用表达式的完整解析解，则该滤波方法为最优滤波，否则为次优滤波。

卡尔曼滤波即为系统状态方程、测量方程线性条件下，且状态向量、系统噪声、测量噪声满足高斯分布的随机系统状态估计的完整解析解，因此其为最

优滤波方法。而对于一般的非线性、非高斯系统而言,其完整解析解通常难以直接获取,常采用解析近似和仿真近似两种方法予以逼近,基于此思路的滤波方法统称为次优滤波。

目前,解析近似滤波方法均在卡尔曼滤波框架下予以实现,其主要区别在于近似手段的不同,常见的近似手段可以分为如下三类:

(1)函数近似法。其主要思想是采用非线性函数的低阶展开来近似非线性函数本身,典型方法有扩展卡尔曼滤波算法(EKF)及中心差分卡尔曼滤波(CDKF)等派生算法。

(2)确定性采样近似法。该方法采用确定性采样来近似系统状态及其经非线性传递后的状态分布,典型方法有无迹卡尔曼滤波算法(UKF)及其派生算法。

(3)求积近似法。该方法采用各种数值手段来近似贝叶斯滤波递推公式中的多维积分,典型方法有高斯 - 厄米特卡尔曼滤波器(GHKF)和容积卡尔曼滤波器(CKF)。

解析近似的滤波方法均基于系统高斯(状态高斯、噪声高斯)这一前提条件,并采用高斯分布来逼近系统状态后验概率密度,在系统状态后验概率密度非高斯条件下,滤波结果可能出现较大误差。基于仿真近似的次优滤波方法则通过非参数化的蒙特卡罗仿真手段在状态空间中产生大量随机样本(粒子)来实现递推贝叶斯估计,并根据样本散布状态逼近系统状态的后验概率分布。因此,该方法适用于采用状态空间模型描述的非线性系统及解析高斯滤波算法,难以实现精确状态估计的非高斯系统,且其估计精度可以逼近于最优估计,典型代表有粒子滤波及其派生算法(无迹粒子滤波算法等)。

本章以扩展卡尔曼滤波、无迹卡尔曼滤波、粒子滤波及无迹粒子滤波等典型非线性滤波算法为例,研究上述算法在转子磁链辨识中的应用,并对上述算法的辨识性能进行综合比较分析。

4.3.1　基于扩展卡尔曼滤波的 PMSM 转子磁链辨识

卡尔曼滤波(Kalman Filter, KF)为线性、高斯条件下递推贝叶斯估计问题的最优解,而在一般非线性系统中,满足最优解的条件已不再成立。为此,大量研究致力于寻求各种不同的近似途径以获取次优解,其中最直接的途径就是对系统的非线性函数进行近似化处理,扩展卡尔曼滤波即是对非线性函数进行近似线性化处理的非线性高斯滤波方法。相关学者均提出将扩展卡尔曼滤波(Extended Kalman Filter, EKF)用于 PMSM 转子磁链辨识,以实现永磁体产生的转子磁场的健康状态监控,为此,本节首先简介扩展卡尔曼滤波。

对于一般非线性系统,其系统状态方程和离散化的测量方程可表示为:

$$\begin{cases} x(t) = f\left[x(t)\right] + Bu(t) + \sigma(t) \\ y(t_k) = h\left[x(t_k)\right] + \mu(t_k) \end{cases} \tag{4-4}$$

式中　$x(t)$——系统状态变量;

　　　$y(t_k)$——观测(测量)量;

　　　$f(\cdot)$ 与 $h(\cdot)$——系统状态转移方程和测量方程;

　　　$\sigma(t)$、$\mu(t_k)$——考虑模型不确定性和测量不确定性的系统噪声与测量噪声,其方差矩阵分别为 $Q(t)$、$R(t)$;

　　　B——系数矩阵;

　　　$u(t)$——确定性输入向量。

EKF 算法针对上述非线性系统,利用噪声与信号的状态空间在时域内设计滤波器,并利用测量数据对预测值的修正能力,在最小方差约束下消除随机噪声干扰,实现式(4-4)所示的非线性系统在噪声环境下状态变量的最小方差估计。该过程包括预测与修正两个阶段,预测阶段首先采用矩形积分技术将式(4-4)中的系统状态方程离散化,再采用 t_{k-1} 到 t_k 采样间隔中作用于系统的输入向量和最新状态估计,计算获取 k 时刻状态向量预测值 $x_{k|k-1}$ 和预测误差协方差 $P_{k|k-1}$;修正阶段则利用实际测量值 y_k 来修正 $x_{k|k-1}$ 和 $P_{k|k-1}$,得到 k 时刻的估计值 $x_{k|k}$ 和估计误差协方差 $P_{k|k}$,并将其作为 k 时刻的最优估计予以输出,其算法如表 4-1 所示。

表 4-1　扩展卡尔曼滤波算法

Tab. 4-1　The EKF algorithm

阶段	算法
预测阶段	$x_{k|k-1} = x_{k-1|k-1} + \left[f(x_{k-1|k-1}) + Bu_{k-1}\right]T_s$
	$P_{k|k-1} = P_{k-1|k-1} + \left[F_{k-1}P_{k-1|k-1} + P_{k-1|k-1}F_{k-1}^{\mathrm{T}}\right]T_s + Q_d$
修正阶段	$x_{k|k} = x_{k|k-1} + K_k\left[y_k - h(x_{k|k-1})\right]$
	$P_{k|k} = P_{k|k-1} - K_k H_k P_{k|k-1}$
卡尔曼增益	$K_k = P_{k|k-1}H_k^{\mathrm{T}}\left(H_k P_{k|k-1}H_k^{\mathrm{T}} + R\right)^{-1}$

在表 4-1 中,F_{k-1}、H_k 分别表示系统方程和测量方程的雅可比矩阵,计算

公式如式(4-5)和式(4-6)所示,Q_d、R 分别表示系统噪声和测量噪声协方差矩阵,一般取为恒值对角矩阵,T_s 为控制周期。

$$F_{k-1} = \frac{\partial f(x)}{\partial x}|_{x=x_{k-1|k-1}} \tag{4-5}$$

$$H_k = \frac{\partial h(x)}{\partial x}|_{x=x_{k|k-1}} \tag{4-6}$$

将式(4-2)及式(4-3)所描述的 PMSM 状态方程、状态向量、输入向量及输出向量代入表 4-1 所示的 EKF 算法流程中,即可实现状态向量的递推估计,亦实现 PMSM 转子磁链的在线辨识。

4.3.2　基于无迹卡尔曼滤波的 PMSM 转子磁链辨识

EKF 算法为一种最小方差准则下的次优滤波器,只有当被近似系统的状态方程和测量方程均接近线性且连续时,辨识结果才接近真实值,若被辨识系统不满足局部线性假设条件,泰勒展开式中高阶项的忽略将产生较大的线性化误差,从而导致较大的辨识误差,甚至导致辨识结果发散。此外,EKF 算法在系统线性化过程中需要求解雅克比矩阵,增加了空隙难度;且在 EKF 算法递推过程中,通常保持测量噪声协方差矩阵与系统噪声协方差矩阵为恒值矩阵,若不能准确估计这两个矩阵,则容易产生累计误差,导致辨识精度降低或辨识结果发散。再者,EKF 辨识算法对初始值的设定具有较敏感的依赖性,若设定的状态初值及其方差初值误差偏大,亦将导致辨识精度降低或辨识结果发散。目前,尽管在 EKF 算法的基础上涌现出了诸多改进算法,如迭代 EKF、高阶截断 EKF 等,但上述缺陷仍然难以完全克服。

无迹卡尔曼滤波(UKF)是由牛津大学 Juliear 和 Uhlman 于 1995 年提出的建立在无迹变化数学基础之上的非线性滤波方法。与 EKF 算法一样,UKF 算法亦将状态近似为高斯随机变量,并采用标准卡尔曼滤波器的基本框架进行状态滤波,该算法无须对非线性的系统状态方程或测量方程进行近似线性化处理,利用系统真实模型,通过确定的采样样本及无迹变换,直接近似系统状态向量的后验 PDF,从而获得状态均值和协方差等统计信息。因此,该算法可以有效解决 EKF 算法由于线性化误差所引起的辨识结果不收敛或发散问题,提高了滤波精度,且无须计算雅克比矩阵,针对雅克比矩阵难以计算的系统而言,降低了实现难度。

鉴于 UKF 的上述特点,该算法及其改进算法在跟踪导航、自治机器人定位、随机信号处理及语音识别与增强等诸多领域得到了广泛应用,但其在 PMSM 状态估计中的应用仍然较为少见,多应用于 PMSM 的转速与位置估计以实现 PMSM 的无位置传感器控制、定子电阻估计以实现 PMSM 的运行温升监控。本章将其应用拓展至实现 PMSM 转子磁链辨识。

对于式(4-4)所示的非线性系统,当采用 UKF 算法进行状态辨识时,其辨识过程分为初始化、Sigma 点计算、时间更新与测量更新四个阶段。

4.3.2.1　初始化

根据先验知识设定系统噪声协方差矩阵 Q 及测量噪声协方差矩阵 R,并初始化状态向量 x 及其状态协方差矩阵 P,即:

$$\hat{x}_0 = E[x_0] \qquad\qquad P_0 = E[(x_0 - \hat{x}_0)(x_0 - \hat{x}_0)^{\mathrm{T}}] \qquad (4\text{-}7)$$

4.3.2.2　Sigma 点计算

在每个采样周期内 $(k = 1, 2, \cdots, n)$ 按照式(4-8)计算 Sigma 点,从而获得一个 $n \times (2n+1)$ 的 Sigma 点矩阵,其中 n 为状态向量维数,$\lambda = \alpha^2(n+b) - n$ 是标量,为一比例参数;α 决定 Sigma 点分布,即 Sigma 点在状态变量均值附近的散布程度,通常取在区间 $[10^{-4}, 1]$ 上的小正数;b 为尺度系数,通常取为 0 或 $3 - n$。

$$\chi_{k-1} = \begin{bmatrix} \hat{x}_{k-1} & \hat{x}_{k-1} + \sqrt{(n+\lambda)P_{k-1}} & \hat{x}_{k-1} - \sqrt{(n+\lambda)P_{k-1}} \end{bmatrix} \quad (4\text{-}8)$$

4.3.2.3　时间更新(一步预测)

该阶段通过离散化的系统状态方程实现 Sigma 点的传递,如式(4-9)所示,并根据传递结果获得状态向量的预测均值及其协方差,如式(4-10)所示,其中 $W_i^{(c)}$、$W_i^{(m)}$ 分别代表状态向量均值权重及协方差权重,且存在式(4-11)所示的数量关系。

$$\chi_{i,k|k-1}^* = f(\chi_{i,k-1}) + Bu(k-1) \qquad (4\text{-}9)$$

$$\begin{cases} \hat{x}_k^- = \displaystyle\sum_{i=0}^{2n} W_i^{(m)} \chi_{i,k|k-1}^* \\ P_k^- = \displaystyle\sum_{i=0}^{2n} W_i^{(c)} [\chi_{i,k|k-1}^* - \hat{x}_k^-][\chi_{i,k|k-1}^* - \hat{x}_k^-]^{\mathrm{T}} + Q \end{cases} \qquad (4\text{-}10)$$

$$\begin{cases} W_0^{(m)} = \dfrac{\lambda}{n + \lambda} \\[3mm] W_0^{(c)} = \dfrac{\lambda}{n + \lambda} + (1 - \alpha^2 + \beta) \quad (i = 1, 2, \cdots, 2n) \\[3mm] W_i^{(m)} = W_i^{(c)} = \dfrac{1}{2(n + \lambda)} \end{cases} \tag{4-11}$$

4.3.2.4　测量更新

根据测量数据,经由式(4-12)~式(4-17)即可实现一步预测及卡尔曼增益的更新,从而获得状态向量及其方差矩阵的最优估计。

$$\hat{y}_k^- = H\hat{x}_k^- \tag{4-12}$$

$$P_{y_k y_k}^- = HP_k^- H^{\mathrm{T}} + R \tag{4-13}$$

$$P_{x_k y_k} = P_k^- H^{\mathrm{T}} \tag{4-14}$$

$$K_k = P_{x_k y_k} P_{x_k y_k}^- \tag{4-15}$$

$$\hat{x}_k = \hat{x}_k^- + K_k [y_k - \hat{y}_k^-] \tag{4-16}$$

$$P_k = P_k^- - K_k P_{y_k y_k}^- K_k^{\mathrm{T}} \tag{4-17}$$

令 $k = k + 1$,重复步骤 4.3.2.2~步骤 4.3.2.4,实现状态向量的迭代输出。

将式(4-2)及式(4-3)所描述的 PMSM 状态方程及状态向量、输入向量及输出向量代入式(4-7)~式(4-17)所描述的 UKF 算法流程中,即可实现状态向量的递推估计及 PMSM 转子磁链的在线辨识。

4.3.3　基于标准粒子滤波的 PMSM 转子磁链辨识

由卡尔曼滤波原理可知,系统状态向量最优估计的求解过程需传播系统状态的整个后验概率密度函数,这只有在高斯及线性条件约束下方能实现,对于一般的非高斯、非线性系统,难以获取状态变量估计的完整解析解,因此常采用某种近似手段实现状态变量的次优估计。EKF 与 UKF 算法分别从不同近似角度实现状态变量的次优估计,但上述两种算法均采用高斯分布来逼近系统状态后验概率密度,在其不满足高斯分布要求时,滤波结果可能出现较大误差。

与 EKF、UKF 及其衍生算法等基于高斯近似的方法不同,另一类非线性递推滤波算法通过贝叶斯定理实现条件概率转移,并通过近似系统状态的条件概率分布实现状态估计,通常称为粒子滤波法算法。粒子滤波的核心思想是利用一系列随机样本(粒子)的加权和表示系统状态的后验概率密度,并通过求和操作来近似积分运算,由于产生随机粒子的蒙特卡罗方法所具有的广泛适用性,使得粒子滤波能够较好地适用于一般的非线性、非高斯系统。

此外,EKF、UKF 等传统解析高斯滤波方法对状态初值的选择较为敏感,若状态初值选择不当,滤波收敛速度与收敛精度将严重下降,甚至导致滤波结果不能正确收敛,而对于粒子滤波算法而言,由于其随机采样样本(粒子)的散布性,在一定的误差范围内能够实现系统真实状态的快速捕捉,提高滤波收敛速度。

对于式(4-4)描述的一般非线性系统,其离散化形式可以描述为

$$\begin{cases} x_{k+1} = f[x_k, u_k, \sigma(t_k)] \\ y_k = h[x_k, \mu(t_k)] \end{cases} \tag{4-18}$$

式中 x_{k+1}——代表状态向量 x 第 $k+1$ 时刻的离散值;

x_k——系统状态变量;

y_k——观测(测量)量;

$\sigma(t_k)$、$\mu(t_k)$——系统过程噪声与系统测量噪声;

$f(\cdot)$、$h(\cdot)$——系统状态转移函数与系统测量函数。

利用时刻 0 到时刻 k 的所有观测值 $y_{0:k}$,实现各个时刻系统状态 $x_{0:k}$ 的估计,即可实现系统状态后验概率分布函数 $p(x_{0:k}|y_{0:k})$ 及其边缘分布函数 $p(x_k|y_{0:k})$ 的估计,根据蒙特卡罗数字模拟方法,后验概率分布 $\hat{p}$ 可近似描述为

$$\hat{p}(x_{0:k}|y_{0:k}) = \frac{1}{N}\sum_{i=1}^{N}\delta_{x_{0:k}^{(i)}}(\mathrm{d}x_{0:k}) \tag{4-19}$$

随机采样样本 $\{x_{0:k}^{(i)}|i=1,2,\cdots,N\}$ 从 k 时刻的后验概率分布中抽取;$\delta(\mathrm{d}\cdot)$ 表示狄拉克采样函数。

对于一般非线性系统而言,通常难以实现后验概率分布封闭解析解的求取,也就无法从后验概率分布中抽取样本。因此,常通过重要采样从某个已知且易于采样的函数中进行间接采样,实现样本抽取,上述采样函数称为重要密度函数(importance density function, IDF),其分布称为建议分布(proposal distribution)。若不考虑重要密度函数的具体形式,令满足要求的函数为 $q(x_{0:k}|y_{0:k})$,且其支撑集涵盖 $p(x)$ 支撑集,即 $\{x|q(x)>0\} \supseteq \{x|p(x)>0\}$,则可采用从 $q(x)$ 中抽取的 N 个独立同分布样本对式(4-19)描述的概率分布

进行加权近似。因此,系统在 k 时刻的后验分布可以采用式(4-20)近似表示为:

$$\hat{p}(x_{0:k} \mid y_{0:k}) = \frac{1}{N} \sum_{i=1}^{N} \frac{p(x_{0:k}^{(i)} \mid y_{0:k})}{q(x_{0:k}^{(i)} \mid y_{0:k})} \delta_{x_{0:k}}^{(i)}(\mathrm{d}x_{0:k}) = \frac{1}{N} \sum_{i=1}^{N} \omega_k^{(i)} \delta_{x_{0:k}}^{(i)}(\mathrm{d}x_{0:k})$$

$$(4\text{-}20)$$

式中　$\omega_k^{(i)} = \dfrac{p(x_{0:k}^{(i)} \mid y_{0:k})}{q(x_{0:k}^{(i)} \mid y_{0:k})}$ ——原始权重。

为保证所有采样的权重之和为 1,需要对采样权重进行归一化处理:

$$\omega_k^{(i)} = \frac{\omega_k^{(i)}}{\sum\limits_{j=1}^{N} \omega_k^{(j)}} \tag{4-21}$$

上述采样过程被称为重要性采样,其通过合适的权重补偿从后验概率密度抽取样本与从建议分布 $q(x_{0:k} \mid y_{0:k})$ 抽取样本之间的差别,提高了状态估计的准确性。

为了采用递推方式实现状态估计,并在不改变已估计系统状态 $x_{0:k-1}$ 条件下,估计新的系统状态,则建议分布应存在可分解的形式,即:

$$q(x_{0:k} \mid y_{0:k}) = q(x_k \mid x_{0:k-1}, y_{0:k}) \, q(x_{0:k-1} \mid y_{0:k}) \tag{4-22}$$

若系统初始状态给定,观测信息之间互不相关,且系统为马尔可夫过程,则可得到如下方程:

$$p(x_{0:k}) = p(x_0) \prod_{j=1}^{k} p(x_j \mid x_{j-1}) \tag{4-23}$$

$$p(y_{0:k}) = \prod_{j=1}^{k} p(y_j \mid x_{j-1}) \tag{4-24}$$

从而得到权值计算公式为:

$$\omega_k^{(i)} = \frac{p(y_{0:k} \mid x_{0:k}^{(i)}) p(x_{0:k}^{(i)})}{q(x_{0:k-1}^{(i)} \mid y_{0:k-1}) q(x_k^{(i)} \mid x_{0:k-1}^{(i)}, y_{0:k})} = \omega_{k-1}^{(i)} \frac{p(y_k \mid x_k^{(i)}) p(x_k^{(i)} \mid x_{k-1}^{(i)})}{q(x_k^{(i)} \mid x_{0:k-1}^{(i)}, y_{0:k-1})}$$

$$(4\text{-}25)$$

在选择合适的建议分布函数之后,可根据式(4-25)进行权重迭代计算,由于该公式表示了一个序列的计算过程,故该方法又称为序贯重要性采样(sequence importance sampling, SIS)。对于标准粒子滤波算法而言,通常取先验概率密度函数作为重要性密度函数,即:

$$q(x_k^{(i)} \mid x_{0:k-1}^{(i)}, y_{0:k-1}) = p(x_k^{(i)} \mid x_{k-1}^{(i)}) \tag{4-26}$$

将式(4-26)代入式(4-25),则有

$$\omega_k^{(i)} = \omega_{k-1}^{(i)} p(y_k \mid x_k^{(i)}) \qquad (4\text{-}27)$$

将式(4-27)代入式(4-20),并在 $N \to \infty$ 时,即可以由大数定理保证式(4-20)近似真实后验概率密度 $p(x_{0:k} \mid y_{0:k})$ 的成立。

大量文献证明,采样样本的权值方差将随着时间的递推而迅速增加,若干步迭代之后,除少数粒子外,其余粒子的权值急剧减小,这些粒子对后验概率估计将不再起作用,这种现象称为粒子退化。为了解决粒子退化问题,一个有效的解决方案是引入重采样技术。上述引入重采样技术的重要性采样称为序贯重要性重采样(sequence importance resampling, SIR),即标准粒子滤波算法,完整算法流程如表4-2所示。

将式(4-2)及式(4-3)所描述的 PMSM 状态方程及状态向量、输入向量及输出向量代入表4-2所描述的标准粒子滤波算法中,即可实现 PMSM 转子磁链的在线辨识。

表 4-2　标准粒子滤波算法

Tab. 4-2　The standard particle filter algorithm

标准粒子滤波算法
Step 1. 算法初始化,令 $k = 0$,并从先验概率分布 $p(x_0)$ 中抽取 N 个粒子,即 $\{x_0^{(i)}\}_{i=1}^{N} \sim p(x_0)$,令权值 $\omega_0^{(i)} = \dfrac{1}{N}$;
Step 2. 按照式(4-26)计算每个采样样本的新权值,按照式(4-20)对权值进行归一化处理;
Step 3. 按照重新采样算法对粒子集进行重新采样;
Step 4. 状态估计结果输出,$\hat{x}_k = \sum\limits_{i=1}^{N} \tilde{\omega}_k^{(i)} x_k^{(i)}$　$P_k = \sum\limits_{i=1}^{N} \tilde{\omega}_k^{(i)} (x_k^{(i)} - \hat{x})(x_k^{(i)} - \hat{x})^{\mathrm{T}}$;
Step 5. 时间更新,根据状态转移函数产生新粒子 $\{x_{k+1}^{(i)}\}_{i=1}^{N} \sim p(x_{k+1} \mid x_k^{(i)})$;
Step 6. $k = k + 1$,返回 Step 2 执行算法循环

4.3.4　基于无迹粒子滤波的 PMSM 转子磁链辨识

标准粒子滤波算法直接从先验概率密度分布中生成样本(粒子),无法考虑测量信息的影响,从而降低了算法的状态估计效果。为提高粒子滤波算法的估计性能,一个有效的途径即是优选重要性密度函数,保证在随机粒子生成时能够融入最新测量信息。

鉴于 UKF 算法能够融合最新观测信息,并通过该观测信息将粒子推向高似然区域,Merwe 等提出了基于 UKF 算法产生粒子滤波重要性密度函数的思想,并形成了 UPF 算法。该算法的基本思路为:通过 UKF 算法产生重要密度函数,并对每次采样获得的粒子进行更新,所得权值和方差用于采样新粒子。由于 UKF 算法产生的重要性密度函数与系统真实状态后验概率密度函数的支集重叠部分更大,可以获得更高的估计精度,因此该算法在许多场合得到了广泛应用,其算法流程如表 4-3 所示。将式(4-2)及式(4-3)所描述的 PMSM 状态方程及状态向量、输入向量及输出向量代入表 4-3 所示的 UPF 算法中,即可实现 PMSM 转子磁链的在线辨识。

表 4-3　无迹粒子滤波算法
Tab. 4-3　The unscented particle filter algorithm

UPF 算法
Step 1. 算法初始化　确定粒子数目 N,令 $k=0$,并从先验概率分布 $p(x_0)$ 中抽取 N 个粒子,即 $\{x_0^{(i)}\}_{i=1}^N \sim p(x_0)$,令权值 $\omega_0^{(i)}=1/N$,同时令 $k=1$;
Step 2. 重要性密度采样　对每个随机采样点(粒子) $x_k^{(i)}$, $i=1,2,\cdots,N$,利用 UKF 算法得到其通过系统状态方程传播到下一步的均值和方差 $\bar{x}_k^i$、P_k^i,以及通过测量方程传递到下一步的观测均值 y_k,从而获取建议分布函数 $N(\bar{x}_k^i,P_k^i)$,并从此建议分布中抽取粒子 $\hat{x}_k^{(i)} \sim N(\bar{x}_k^i,P_k^i)$,按照式(4-26)和式(4-20)计算粒子权值,并进行归一化处理;
Step 3. 重采样　按照重新采样算法对粒子集 $\{\hat{x}_k^{(i)},\omega_k^{(i)}\}$, $i=1,2,\cdots,N$ 进行重新采样,获得新的粒子集 $\{x_k^{(i)},\tilde{\omega}_k^{(i)}\}$,令 $\tilde{\omega}_k^{(i)}=1/N$;
Step 4. 结果输出　$$\hat{x}_k=\sum_{i=1}^N \tilde{\omega}_k^{(i)} x_k^{(i)} \qquad P_k=\sum_{i=1}^N \tilde{\omega}_k^{(i)}(x_k^{(i)}-\hat{x})(x_k^{(i)}-\hat{x})^{\mathrm{T}}$$
Step 5. $k=k+1$,返回 Step 2 执行算法循环

4.3.5　基于 EKF、UKF、PF、UPF 的 PMSM 转子磁链辨识仿真

为了实现基于上述四种算法的 PMSM 转子磁链辨识方法的仿真验证,采用图 2-11 所示的转速外环和电流内环相结合的 PMSM 驱动系统,实现 PMSM 驱动系统的 MTPA 运行,PMSM 参数如表 2-2 所示。在仿真研究中,转速、电流、电压采样周期,滤波器控制周期及系统仿真步长均选为 100 μs。

为了兼顾上述 4 种滤波器的稳定性、状态辨识速度及状态辨识精度,状态变量及其方差矩阵初值、系统噪声方差矩阵、测量噪声方差矩阵依次取为

$$x(0) = \begin{bmatrix} 3 & 3 & 0.01 \end{bmatrix}^{\mathrm{T}}; P(0) = \begin{bmatrix} 0.5 & 0 & 0 \\ 0 & 0.5 & 0 \\ 0 & 0 & 0.1 \end{bmatrix}; Q = \begin{bmatrix} 1 & 0 & 0 \\ 0 & 1 & 0 \\ 0 & 0 & 1e-5 \end{bmatrix};$$

$$R = \begin{bmatrix} 1 & 0 \\ 0 & 1 \end{bmatrix}$$

设定参考转速、负载转矩分别如图 4-1 和图 4-2 所示,图 4-3 为该运行工况下 PMSM dq 轴定子电流。在算法执行过程中,电流测量环节注入如图 4-4 所示 $X \sim N(0,5)$ 的高斯噪声,PF 及 UPF 的粒子数取为 100。图 4-5 为上述四种滤波算法一次独立实验的转子磁链辨识结果。

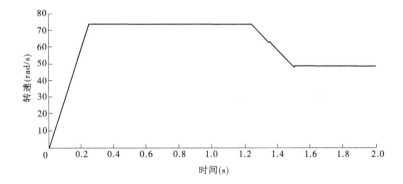

图 4-1　参考转速

Fig. 4-1　The reference speed

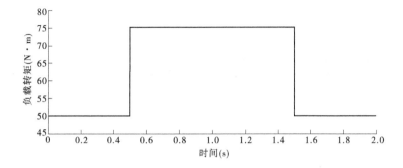

图 4-2　负载转矩

Fig. 4-2　The load torque

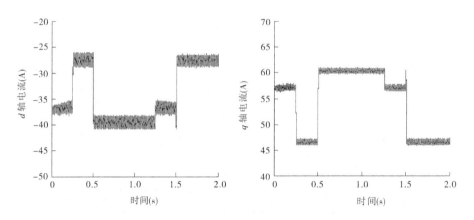

图 4-3　dq 轴定子电流

Fig. 4-3　The dq axis stator current

　　为了清晰地表征滤波结果,在图 4-5 作图过程中,对实际数据进行了稀疏取值,即每隔 50 个辨识数据取一个值进行作图。对比表 2-2 所示的 PMSM 转子磁链值 $\psi_f = 0.173\ 2$ Wb,可以看出 EKF 及 UKF 算法在上述工况下均能实现转子磁链的准确辨识,且辨识结果非常接近,而 PF 算法及 UPF 算法能够获得比 EKF、UKF 算法更快的收敛速度,这是因为在仿真测试中没有考虑电机参数变化,且加入的测量噪声为高斯噪声,故 EKF 算法与 UKF 算法能实现近

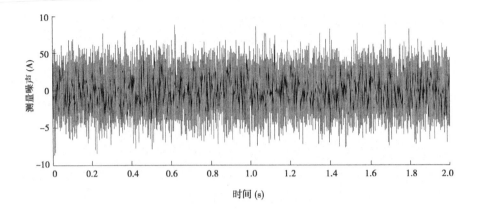

图 4-4　高斯分布噪声

Fig. 4-4　The Gaussian distribution noise

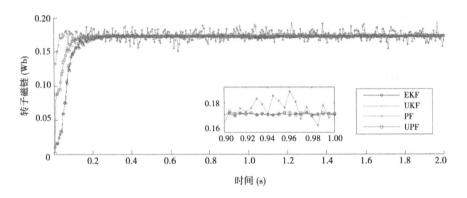

图 4-5　基于 EKF、UKF、PF、UPF 的转子磁链辨识结果

Fig. 4-5　The identification results of Permanent magnet flux linkage based
on EKF, UKF, PF and UPF

似最优的估计效果。而当 PF 滤波结果有时会较明显地偏离转子磁链真实值,究其原因在于其似然函数与转移密度函数相比过于简单且所取粒子数量过少所致(只有 100 个),而当 UPF 与 PF 取相同粒子数时,其滤波性能要显著优于 PF。为了对上述四种算法的辨识性能进行定量评估,在 10 次独立实验基础上,分别从算法执行时间、辨识均值和辨识标准方差平均值三个方面进行性能分析,分析结果如表 4-4 所示。由表 4-4 可以看出,在一定的数据长度下,上述四种算法的稳态辨识均值能较好地反映转子磁链的真实状态,但 PF 算法辨识结果的标准方差较大,整体辨识结果与辨识均值的偏离程度相对较

表 4-4　高斯噪声下的 EKF、UKF、PF、UPF 算法评估

Tab. 4-4　The evaluation of EKF, UKF, PF, UP algorithm under gaussian noise

算法	单次平均耗时（μs）	辨识均值（Wb）	辨识结果的标准方差
EKF	12.026	0.172 8	4.72×10^{-4}
UKF	79.844	0.172 9	2.84×10^{-4}
PF	267.280	0.172 8	0.139
UPF	1 824.935	0.173 0	0.001 09

为严重，而其余三种算法的标准方差较为接近，这也可以从图 4-5 中得以直观体现。从算法执行时间上来说，在相同的数据长度下，EKF 算法耗时最少，其余算法耗时明显增加，从算法实时性角度而言，EKF、UKF 算法可以保证在 100 μs 的系统控制周期内完成单个数据的实时计算，而 PF 算法及 UPF 算法的实时性显著变差，不过鉴于粒子滤波类算法实现方便且较为适合并行处理，随着数字处理技术的快速发展，该方法势必具有更为广阔的应用前景。

为了深入研究上述四种算法在非高斯测量噪声环境下的转子磁链辨识精度，在相同的系统运行工况与参数设置条件下，电流测量环节注入如图 4-6 所示的服从伽马分布的随机测量噪声，其概率密度分布曲线如图 4-7 所示。图 4-8 为 EKF、UKF、PF、UPF 四种算法在此噪声环境下的辨识结果，表 4-5 为 10 次独立实验基础上辨识性能的定量分析。由图 4-8 及表 4-5 可见，与注入高斯噪声时的转子磁链辨识结果相比，注入服从伽马分布的随机测量噪声并没有对 EKF 及 UKF 算法的滤波性能产生较大的影响，这是因为上述研究内容建立在电机参数恒定的假设基础之上，尽管在系统既定动态运行工况下，其 dq 定子电流呈现出明显的非高斯分布特性，且注入的随机噪声为典型的非高斯随机噪声，但在较好地匹配辨识算法初值设置时，EKF、UKF 算法仍然能获得较好的次优估计，即能获得高精度的转子磁链辨识，与基于随机粒子近似技术的粒子滤波类算法相比，其算法明显简单，执行时间较短，能够满足算法实时执行的技术需求，降低转子磁链实时辨识对主控系统复杂性的要求。因此，针对 PMSM 转子磁链辨识而言，在不考虑电机参数变化的前提下，EKF 仍不失为一种综合性能优异的辨识方法。

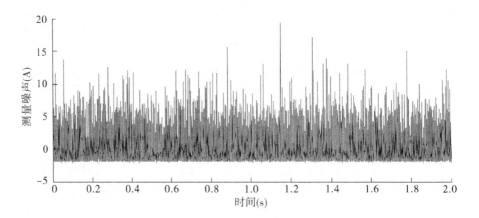

图 4-6　伽马分布噪声

Fig. 4-6　The Gamma distribution noise

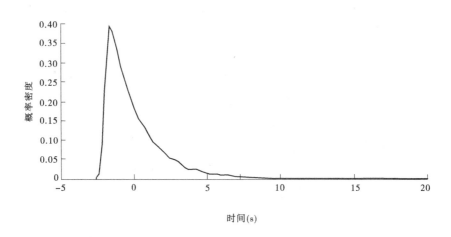

图 4-7　概率密度分布曲线

Fig. 4-7　The probability density distribution curve

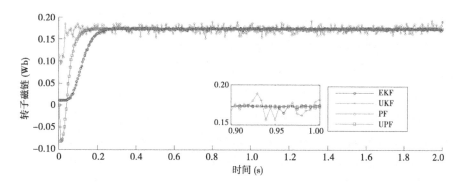

图 4-8　基于 EKF、UKF、PF、UPF 的转子磁链辨识结果

Fig. 4-8　The identification results of permanent magnet flux linkage based on
EKF, UKF, PF and UPF

表 4-5　非高斯噪声下的 EKF、UKF、PF、UPF 算法评估

Tab. 4-5　The evaluation of EKF, UKF, PF and UPF algorithm under non-gaussian noise

算法	单次平均耗时（μs）	辨识均值（Wb）	辨识结果的标准方差
EKF	12.037	0.172 9	0.001 1
UKF	79.665	0.172 9	6.877×10^{-4}
PF	267.168	0.173 0	0.179
UPF	1 825.035	0.172 8	7.94×10^{-4}

4.4　考虑电机参数变化的 PMSM 转子磁链的满秩辨识

受电机磁路饱和及运行温升的影响，PMSM 定子电阻 R_s、dq 轴电感 $L_{d,q}$ 均会出现一定程度的变化，导致转子磁链估计精度的降低。为此，安群涛等建立了同时辨识 R_s、$L_{d,q}$ 及转子磁链 ψ_f 的自适应模型，以消除电机参数变化对转子磁链辨识精度的影响。然而，采用自适应算法进行多参数同步辨识时，确保辨识参数收敛的自适应率的确定非常困难，且与单参数辨识不同，多参数辨识极

易出现因辨识方程欠秩而导致辨识结果陷入局部最优甚至发散的问题,对辨识结果的唯一性缺乏理论支撑。为此,针对面装式永磁同步电机(SMPMSM)提出了一种基于模型参考自适应算法的分步辨识方法,首先利用 d 轴电压方程估算出电枢电感 L_s,再利用获得的电枢电感来辨识转子磁链 ψ_f 和定子电阻 R_s,由于 SMPMSM 多采用 $i_d = 0$ 的控制方式,为实现 ψ_f 和 R_s 的同时辨识,该方法需要注入一定频率及幅值的 d 轴扰动电流,从而影响系统控制性能,且该方法没有考虑交直轴电感在电机运行中的变化对转子磁链辨识精度的影响。基于内嵌式永磁同步电机(IPMSM)四个电磁参数 R_s、ψ_f、$L_{d,q}$ 的不同时间尺度,将其分成缓变参数和速变参数,并采用两个不同时间尺度的最小二乘算法实现两组参数的实时辨识,为了保证算法收敛及慢时间尺度最小二乘算法的辨识精度,该方法仍需注入一个频率及幅值合理的 d 轴扰动电流,从而对 PMSM 驱动系统的稳态控制性能产生影响。以进化算法为代表的人工智能由于具有较强的非线性处理能力,在 PMSM 转子磁链辨识中具有一定的应用,但如何降低其满秩辨识计算量,却仍是亟待解决的问题。

为此,提出一种基于扩展卡尔曼滤波算法的转子磁链联合满秩辨识方法,该方法通过两个扩展卡尔曼滤波器的相互更新,克服多参数同时辨识时存在的辨识方程欠秩问题,保证转子磁链辨识结果的唯一性,消除其他电机参数变化及测量噪声对转子磁链辨识精度的影响。同时,对 R_s、$L_{d,q}$ 参数变化对转子磁链 ψ_f 辨识结果的影响程度进行分析,减少算法执行过程中的待辨识参数个数,降低计算量,保证转子磁链辨识的实时性,且实现辨识精度和辨识速度的合理兼顾。

4.4.1　转子磁链辨识精度的参数敏感性分析

对于车用 PMSM,R_s 受系统运行温升影响可以出现最高约 25% 的增加;L_d 常因 d 轴负电流引起的磁路退饱和,而在系统实际运行中略有增加;L_q 受电机磁路饱和及交叉耦合影响,将会出现较大程度的减小。为此,首先分析 PMSM 驱动系统不同运行工况下 R_s、L_d、L_q 分别变化 25%、10% 和 −15% 时基于 EKF 算法的转子磁链辨识误差。

由图 4-9 可见,R_s 变化对转子磁链辨识精度的影响主要体现在低速、大负载区,一旦转速升高,由于定子电阻压降在 PMSM 电压平衡方程中的权重急剧下降,其影响迅速减小,转速达到 100 r/min 时,不同负载下的最大辨识误差均可控制在 6% 以内,且随着电机速度的升高,辨识误差进一步急剧减小。

L_d 只在极低负载区对转子磁链辨识精度的影响较小,随着负载的增加,在整个运行速度范围内,辨识误差增加明显。L_q 对辨识精度的影响则主要体现在高速区,在 500 r/min 以下运行区间,对辨识精度的影响均可控制在 3.2% 以内。

4.4.2　转子磁链的满秩辨识

为降低系统实际运行中 PMSM 其他参数的变化对转子磁链辨识精度的影响,本章将变化的电机参数处理为状态变量,基于 EKF 算法实现包括转子磁链在内的 PMSM 多参数同时辨识。但由式(4-2)可知,EKF 状态方程的秩为 2,R_s、$L_{d,q}$、ψ_f 的同时辨识存在辨识方程欠秩问题,辨识结果的唯一性缺乏理论性支撑。为了消除测量噪声及其他参数变化对磁链辨识精度的影响,解决上述四个参数同时辨识时辨识方程欠秩问题,并合理兼顾辨识速度,本章在参数敏感性分析的基础上,提出了基于 EKF 算法的转子磁链分区辨识方法。

由参数敏感性分析结果可知,低速区 L_q 对 ψ_f 辨识精度的直接影响较小,但在联合辨识中,由于 $L_{d,q}$ 与 R_s 辨识过程的耦合,L_q 的变化将会影响 L_d 与 R_s 的辨识精度,进而间接影响 ψ_f 辨识精度。因此,仍需将 $L_{d,q}$ 进行联合估计,并与 R_s、ψ_f 联合估计相结合,互为更新。在辨识方程满秩状态下,消除 R_s、$L_{d,q}$ 变化对 ψ_f 估计精度的影响,辨识方程如式(4-28)和式(4-29)所示。在中、高速区,由于定子电阻压降在 PMSM 电压平衡方程中的权重急剧减小,R_s 对 ψ_f 辨识精度影响可以忽略,如图 4-9(a)所示。基于同样原因,R_s 对 $L_{d,q}$ 辨识精度影响亦可忽略,故采用式(4-2)ψ_f 估计和式(4-29)$L_{d,q}$ 联合估计相结合的方法,消除 $L_{d,q}$ 变化对 ψ_f 辨识精度的影响,形成如图 4-10 所示的考虑电机参数变化的转子磁链满秩辨识方法。

$$\begin{cases} \dfrac{\mathrm{d}i_d}{\mathrm{d}t} = \dfrac{u_d}{L_d} - \dfrac{R_s}{L_d}i_d + \dfrac{\omega_e L_q}{L_d}i_q \\[2mm] \dfrac{\mathrm{d}i_q}{\mathrm{d}t} = \dfrac{u_q}{L_q} - \dfrac{R_s}{L_q}i_q - \dfrac{\omega_e L_d}{L_q}i_d - \dfrac{\omega_e \psi_f}{L_q} \\[2mm] \dfrac{\mathrm{d}\psi_f}{\mathrm{d}t} = 0 \\[2mm] \dfrac{\mathrm{d}R_s}{\mathrm{d}t} = 0 \end{cases} \quad (4\text{-}28)$$

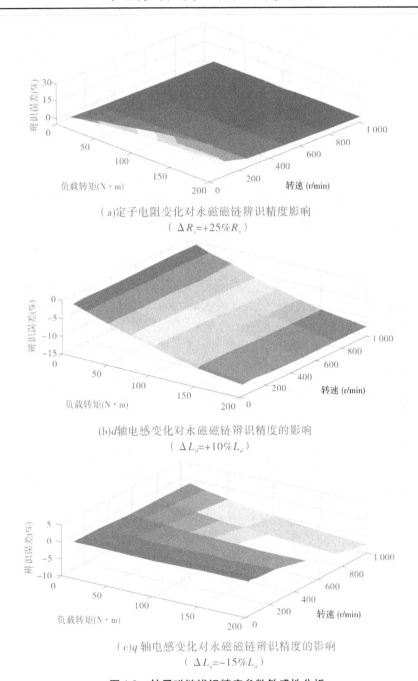

（a）定子电阻变化对永磁磁链辨识精度影响
（$\Delta R_s = +25\% R_s$）

（b）d轴电感变化对永磁磁链辨识精度的影响
（$\Delta L_d = +10\% L_d$）

（c）q轴电感变化对永磁磁链辨识精度的影响
（$\Delta L_q = -15\% L_q$）

图 4-9　转子磁链辨识精度参数敏感性分析

Fig. 4-9　Parameters sensitivity analysis of permanent magnet flux linkage identification

$$\begin{cases} \dfrac{\mathrm{d}i_d}{\mathrm{d}t} = \dfrac{u_d}{L_d} - \dfrac{R_s}{L_d}i_d + \dfrac{\omega_e L_q}{L_d}i_q \\[2mm] \dfrac{\mathrm{d}i_q}{\mathrm{d}t} = \dfrac{u_q}{L_q} - \dfrac{R_s}{L_q}i_q - \dfrac{\omega_e L_d}{L_q}i_d - \dfrac{\omega_e \psi_f}{L_q} \\[2mm] \dfrac{\mathrm{d}L_d}{\mathrm{d}t} = 0 \\[2mm] \dfrac{\mathrm{d}L_q}{\mathrm{d}t} = 0 \end{cases} \tag{4-29}$$

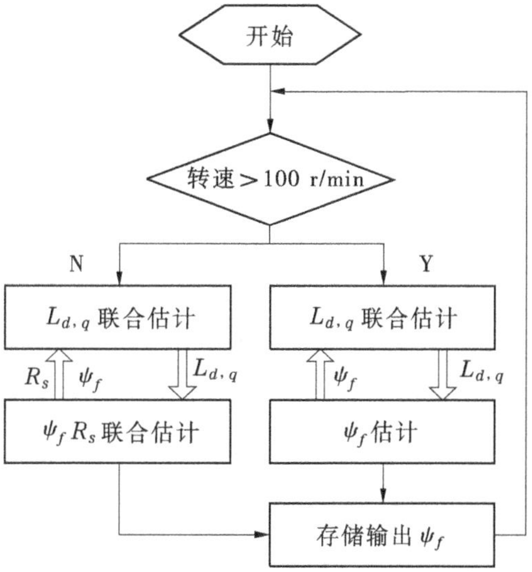

图 4-10　转子磁链满秩辨识方法

Fig. 4-10　The full rank identification method of permanent magnet flux

由图 4-10 可知,本章所提基于 EKF 算法的分区联合辨识方案,能够消除随机测量噪声干扰,针对电动汽车领域广泛应用的 IPMSM,能够在无须扰动电流注入下解决辨识方程欠秩问题,实现 R_s、$L_{d,q}$ 及 ψ_f 四个参数的同时满秩辨识,克服电机参数变化对转子磁链辨识精度的影响,并保证了辨识结果的唯一性。在系统中、高速运行区减少了一个待辨识参数,将转子磁链辨识模型降低一阶,这对包含大量矩阵计算的扩展卡尔曼滤波算法而言,计算量降低明显,有利于实现辨识精度和辨识速度的合理兼顾。此外,由参数敏感性分析可知,图 4-9 中的低速区域较窄,PMSM 驱动系统大部分时间将运行在中、高速区域,因此该方法对转子磁链辨识速度的提升十分有利。

4.4.3　转子磁链满秩辨识方法的仿真测试

集成转子磁链满秩辨识方法的 PMSM 驱动系统结构框图如图 4-11 所示,PMSM 参数如表 2-2 所示。在电流测量环节加入了 $X \sim N(0,5)$ 的高斯噪声,这种噪声统计分布近似符合大多数现场噪声的统计特性,具有广泛的一般性。R_s、L_d、L_q 参数变化幅度为敏感性分析中给出的 25%、10% 和 -15%。

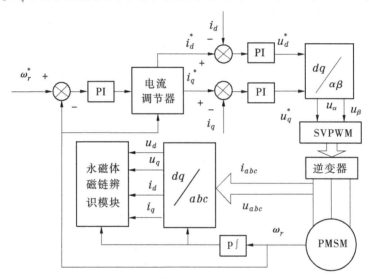

图 4-11　集成满秩辨识方法的 PMSM 驱动系统结构框图

Fig.4-11　The block diagram of PMSM drive system
integrated the full rank identification method

当 PMSM 驱动系统低速运行时,设定参考转速 50 r/min、负载 175 N·m,PMSM 参数 R_s、$L_{d,q}$ 的变化情况如图 4-12 中参考值所示,图 4-13 为上述工况下采用本文低速辨识方法及未考虑 R_s、$L_{d,q}$ 变化时的转子磁链辨识结果。由图 4-12所示的 PMSM R_s、$L_{d,q}$ 辨识结果及图 4-13 所示的 ψ_f 辨识结果可见,所述转子磁链满秩辨识方法可以在测量噪声背景下,实现 PMSM R_s、$L_{d,q}$ 及 ψ_f 四个参数的快速、在线、满秩辨识,从而消除 PMSM 驱动系统实际运行过程中所导致的 R_s、$L_{d,q}$ 变化对转子磁链 ψ_f 辨识精度的影响,且稳态辨识误差可以控制在 3% 以内。

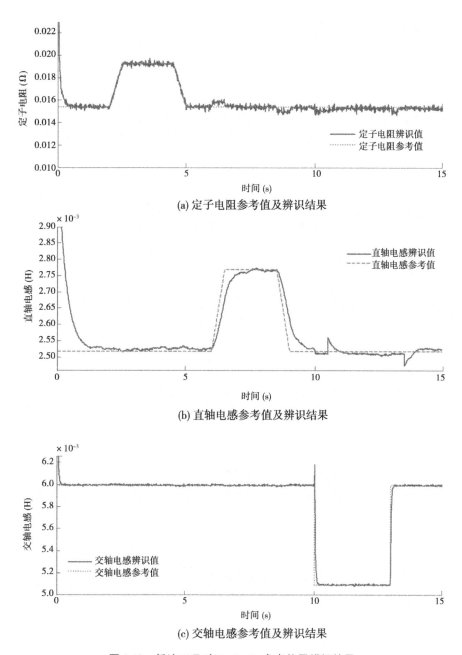

(a) 定子电阻参考值及辨识结果

(b) 直轴电感参考值及辨识结果

(c) 交轴电感参考值及辨识结果

图 4-12　低速工况时 R_s、L_d、L_q 参考值及辨识结果

Fig. 4-12　The reference value and identification results of R_s, L_d, L_q under low speed region

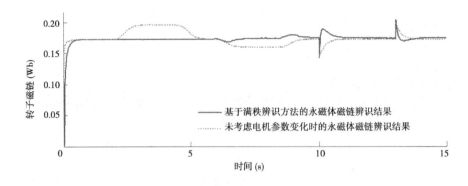

图 4-13　低速工况时转子磁链辨识结果

Fig. 4-13　the permanent flux identification under low speed region

图 4-14 为设定转速 1 000 r/min、负载 175 N·m 工况下,采用提出的中、高速辨识方法及未考虑 R_s、$L_{d,q}$ 变化时的转子磁链 ψ_f 辨识结果,R_s、$L_{d,q}$ 的变化仍如图 4-12 中参考值所示。由图 4-12 及图 4-14 可见,该运行工况下,不考虑电机参数变化时,ψ_f 辨识结果受 $L_{d,q}$ 变化的影响较大且几乎不受 R_s 变化的影响。因此,采用图 4-10 中无须虑及定子电阻变化的中、高速满秩辨识方法,即可实现测量噪声约束下 $L_{d,q}$ 与 ψ_f 的同时、在线、满秩辨识,消除 $L_{d,q}$ 变化对 ψ_f 辨识精度的影响,辨识结果如图 4-14 所示。同时,该方法减少了待辨识参数 R_s,降低了计算量;同样,在该工况下,交(直)轴电感仍然能够快速、精确地辨识出来,辨识结果不再重复给出。

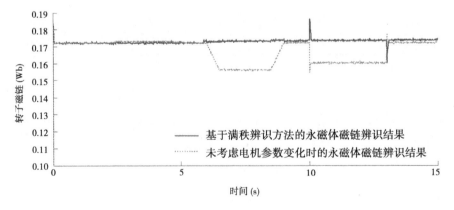

图 4-14　高速工况时转子磁链辨识结果

Fig. 4-14　the permanent flux identification under the high speed region

　　由图 4-13 与图 4-14 仿真测试结果可知,基于扩展卡尔曼滤波算法的满秩辨识方法,解决了转子磁链辨识过程中的测量噪声及多参数辨识模型欠秩问题。在保证满秩辨识的前提下,消除了电机其他参数变化对转子磁链辨识精度的影响,确保了辨识结果的唯一性。同时,基于转子磁链辨识精度参数敏感性分析结果的中、高速辨识方法,可以在消除其他电机参数变化对转子磁场辨识精度影响的基础上,减少待辨识参数 R_s,将转子磁链辨识模型降低一阶,这对包含大量矩阵计算的卡尔曼滤波算法来说,能够有效降低计算量,实现辨识精度和辨识速度的合理兼顾。

　　尽管上述研究只是以 EKF 算法为例,但给出的实为多参数同时在线满秩辨识的统一框架,在此统一框架下可以方便地将 EKF 算法更换为 UKF、PF、UPF 等非线性滤波算法,以实现不同条件约束下的 PMSM 转子磁链辨识,亦可采用此框架解决其他领域参数辨识中的辨识方程欠秩问题,实现多参数的满秩辨识。

4.5　基于代数法的 PMSM 转子磁链辨识

4.5.1　基于代数法的 PMSM 转子磁链辨识原理

　　Fliess M. 等对代数辨识法进行了详细的推导和证明,Cortes-Romero J. A. 等则将该方法成功用于无刷直流电机的参数辨识,本章则将该方法应用于涵盖转子磁链 ψ_f 在内的 PMSM 参数辨识。

　　将 PMSM 的 q 轴电压方程重新列写并整理为:

$$u_q = R_s i_q + L_q \frac{\mathrm{d}i_q}{\mathrm{d}t} + \omega_e L_d i_d + \omega_e \psi_f \qquad (4\text{-}30)$$

式中　$u_{d,q}$——dq 轴定子电压;

　　　　$i_{d,q}$——dq 轴定子电流;

　　　　$L_{d,q}$——dq 轴定子电感;

　　　　R_s、ψ_f、w_e——PMSM 定子电阻、转子磁链及转子电气角速度。

　　式(4-30)两边乘以 t,并在 $[0, t]$ 上积分,得:

$$\int tu_q = R_s \int ti_q + L_q \int t\frac{\mathrm{d}i_q}{\mathrm{d}t} + L_d \int t\omega_e i_d + \psi_f \int t\omega_e \tag{4-31}$$

整理为:

$$\int tu_q = R_s \int ti_q + L_q(ti_q - \int i_q) + L_d \int t\omega_e i_d + \psi_f \int t\omega_e \tag{4-32}$$

令:$\gamma = [\begin{array}{cccc} L_q & L_d & R_s & \psi_f \end{array}]^{\mathrm{T}}, P_t = [\begin{array}{cccc} ti_q - \int i_q & \int t\omega_e i_d & \int ti_q & \int t\omega_e \end{array}], q_t = \int tu_q$,
则存在:

$$q_t = P_t\gamma \tag{4-33}$$

由于矩阵 P_t 为典型的奇异矩阵,将上述方程转化为优化问题对式(4-33)进行求解。定义误差向量 $\varepsilon(t) = P_t\gamma - q_t$ 和式(4-34)所示的平方误差准则函数:

$$J_{(\gamma,t)} = \frac{1}{2}\int_0^t \varepsilon^2(t)\,\mathrm{d}t \tag{4-34}$$

将误差向量 $e(t) = P_t\gamma - q_t$ 代入式(4-34),可得:

$$J_{(\gamma,t)} = \frac{1}{2}\int_0^t (P_t\gamma - q_t)^2\,\mathrm{d}t \tag{4-35}$$

将式(4-35)对待辨识参数向量 γ 求微分,则有:

$$\nabla_\gamma J_{(\gamma,t)} = \int_0^t P_t^{\mathrm{T}}(P_t\gamma - q_t)\,\mathrm{d}t \tag{4-36}$$

式中　P_t^{T}——P_t 的转置矩阵。

令 $\nabla_\gamma J_{(\gamma,t)} = 0$,可以获得:

$$\int_0^t P_t^{\mathrm{T}}(P_t\gamma - q_t)\,\mathrm{d}t = 0 \tag{4-37}$$

由式(4-37),获得待辨识参数表达式为:

$$\hat{\gamma} = \left[\int_0^t P_t^{\mathrm{T}}P_t\mathrm{d}t\right]^{-1}\int_0^t P_t^{\mathrm{T}}q_t\mathrm{d}t \tag{4-38}$$

由推导可知,代数辨识算法较为简单,可以较小计算量,在无须注入扰动电流、无须设置待辨识参数初值条件下,实现 PMSM 包含转子磁链在内的多参数同时在线辨识,辨识结果可直接用于 PMSM 转子磁场均匀失磁故障诊断。

4.5.2　基于代数法的 PMSM 转子磁链辨识仿真测试

设定 PMSM 驱动系统参考转速及负载转矩分别如图 4-15 和图 4-16 所示,转速、电流、电压采样周期及系统仿真步长均设定为 100 μs,同时在电流测

量环节加入 $X \sim N(0, 5)$ 的高斯噪声。图 4-17 ~ 图 4-20 为基于代数法的 PMSM 定子电阻 R_s、dq 轴电感 $L_{d,q}$ 及转子磁链 ψ_f 的实际值及辨识结果，表 4-6 为基于代数法的 PMSM 参数辨识性能的定量分析。

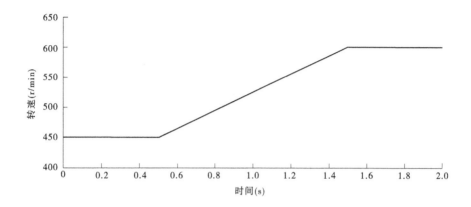

图 4-15　参考转速

Fig. 4-15　The reference speed

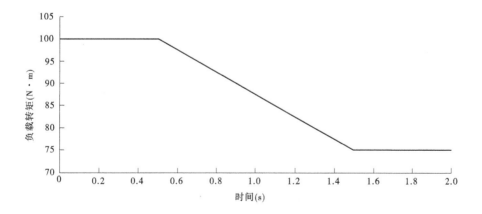

图 4-16　负载转矩

Fig. 4-16　The load torque

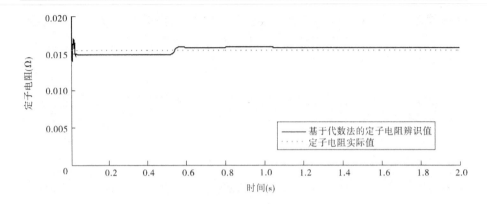

图 4-17 定子电阻实际值及辨识结果

Fig. 4-17   The real value and identification result of stator resistance

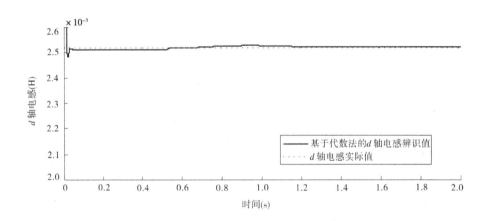

图 4-18 d 轴电感实际值及辨识结果

Fig. 4-18   The real value and identification result of d – axis inductance

由表 4-6 可见,基于代数法的 PMSM 参数辨识可以在噪声环境、无待辨识参数初值参与、无扰动电流注入时,以较小时间尺度实现系统动态运行工况下的 PMSM 定子电阻 R_s、dq 轴电感 $L_{d,q}$ 及转子磁链 ψ_f 四个参数的同时、在线、高精度辨识,稳态辨识均值误差均能控制在 5.2% 以内。该算法一方面克服了

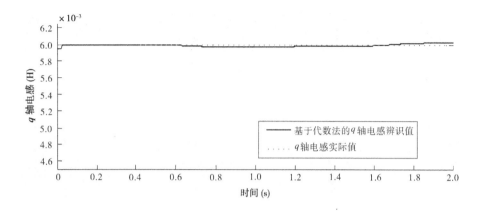

图 4-19　q 轴电感实际值及辨识结果

Fig. 4-19　The real value and identification result of q – axis inductance

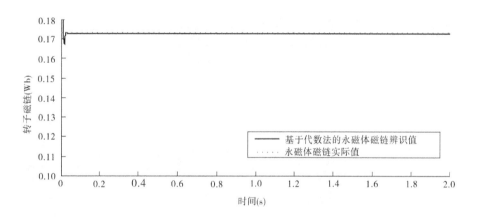

图 4-20　转子磁链实际值及辨识结果

Fig. 4-20　The real value and identification result of permanent magnet flux linkage

最小二乘法、模型参考自适应算法、扩展卡尔曼滤波及其衍生算法对测量噪声较为敏感或对待辨识参数初始值要求较高的缺点;另一方面克服了粒子滤波及其衍生算法,以及人工智能算法计算量较大的技术缺陷,辨识结果实现了对系统测量噪声、电机参数变化、多参数同步辨识精度及辨识速度的全面兼顾,为转子磁场均匀失磁故障诊断提供了依据,亦为实现局部失磁故障与均匀失磁故障模式识别奠定了研究基础。

表 4-6 代数辨识算法评估

Tab. 4-6 The evaluation of algebraic algorithm

辨识参数	单次平均耗时(μs)	辨识均值	辨识结果的标准方差
R_s		0.016 2 Ω	4.88×10^{-5}
L_d	25.772	0.002 5 H	7.96×10^{-7}
L_q		0.006 0 H	1.65×10^{-5}
ψ_f		0.172 9 Wb	1.39×10^{-5}

4.6 实验验证

实验验证中设定负载转矩为 3 N·m,取转速从 900 r/min 降至 450 r/min 的动态过程,模拟车用工况,实测电机转速动态如图 4-21 所示,图 4-22 为电机转速降到 450 r/min 时的实测定子相电流波形。

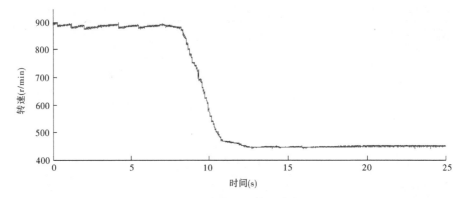

图 4-21 电机实际转速动态

Fig. 4-21 Real speed dynamic of PMSM

图 4-23 为不考虑电机参数变化,上述系统运行工况下基于 EKF、UKF、PF、UPF 算法的 PMSM 转子磁链辨识结果,与转子磁链实际值相比,上述四种算法获得的辨识均值能较好地与转子磁链实际值相吻合,这是因为实验室条件下的电机参数基本上稳定在设计值附近,而测量噪声较为微弱,又基本服从高斯分布。所以,在较好地匹配算法初值时,EKF、UKF、PF、UPF 算法均能获

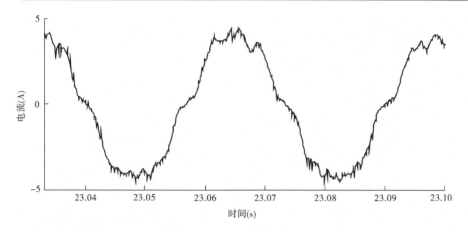

图 4-22　定子电流

Fig. 4-22　Stator current of PMSM

得接近于最优的次优估计,获得高精度的转子磁链辨识。而 PF 滤波结果有时会偏离真实状态,其原因在于 PF 的似然函数与转移密度函数相比过于简单且所取粒子数过少(只有 100 个),而当 UPF 与 PF 取相同的粒子数时,其滤波性能要显著优于 PF,能够实现转子磁链的近似最优估计。为了清晰地表征滤波结果,在图 4-23 的作图过程中,对实际数据进行了稀疏取值,即每隔 500 个辨识数据取一个值进行作图。

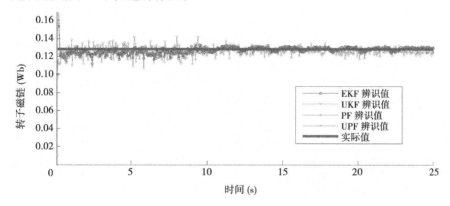

图 4-23　基于 EKF、UKF、PF、UPF 的转子磁链辨识结果

Fig. 4-23　The identification results of permanent

magnet flux linkage based on EKF, UKF, PF, UPF

图 4-24 为相同实验工况下,采用本章所提出的满秩辨识方法并基于 EKF 算法的 dq 轴电感 $L_{d,q}$ 及转子磁链 ψ_f 辨识结果;而图 4-25 和图 4-26 为采用代

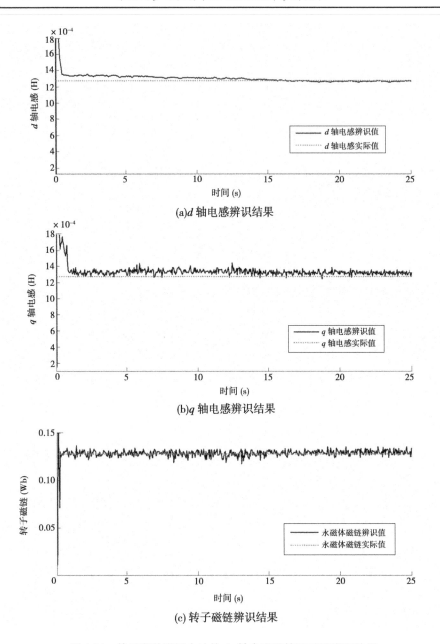

(a)d 轴电感辨识结果

(b)q 轴电感辨识结果

(c) 转子磁链辨识结果

图 4-24　基于满秩辨识方法的 dq 轴电感及转子磁链辨识结果

Fig. 4-24　The identification results of dq axis inductance and permanent magnet flux

linkage based on full rank identification method

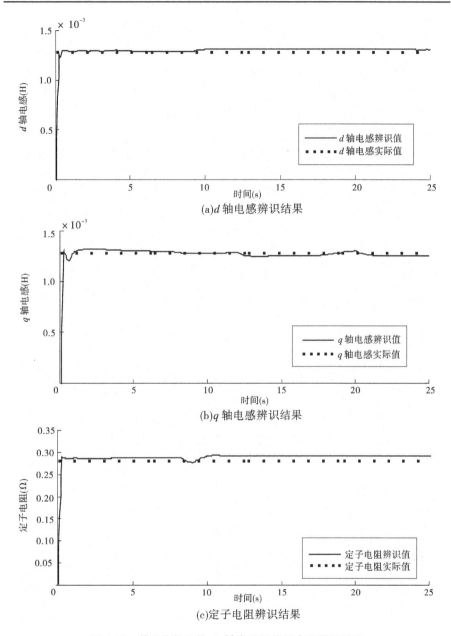

(a)d 轴电感辨识结果

(b)q 轴电感辨识结果

(c)定子电阻辨识结果

图 4-25　基于代数法的 dq 轴电感及定子电阻辨识结果

Fig. 4-25　The identification results of dq axis inductance

and stator resistance based on algebraic method

数法的 PMSM 定子电阻 R_s、dq 轴电感 $L_{d,q}$ 及转子磁链 ψ_f 的实验辨识结果。

在本章所提满秩辨识方法的实验验证中,由于实验对象为 SMPMSM,R_s 与 ψ_f 的同步辨识需要注入直轴扰动电流辅助完成。因此,本章主要完成系统中、高速运行区域的实验验证,由于 IPMSM 可以视为 SMPMSM 的特殊形式,所得结果同样适用于 IPMSM。与电机参数实际值相比,参数辨识精度较高且不受定子电阻波动的影响,辨识误差均值能控制在 3% 以内,故采用本章所提转子磁链满秩辨识方法,能够有效消除电机参数变化及测量噪声对转子磁链辨识精度的影响,实现其高精度在线辨识。同样,由图 4-25 和图 4-26 可见,代数辨识法能够在无须设置待辨识参数初值、无须注入扰动电流时以较小计算量实现 PMSM 所有参数的在线辨识,克服了电机参数变化、系统测量噪声及辨识模型欠秩对转子磁链辨识精度的影响,能够为转子磁场均匀失磁故障诊断提供可靠、精确的定量依据。

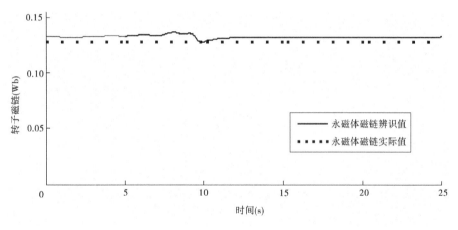

图 4-26　基于代数法的转子磁链辨识结果

Fig. 4-26　The identification results of permanent magnet flux linkage based on algebraic method

4.7　本章小结

本章首先指出 PMSM 转子磁场均匀失磁故障诊断亟须解决的关键技术,通过仿真研究和实验验证相结合的手段,在不考虑电机参数变化的前提下,研究 EKF、UKF、PF、UPF 等非线性滤波算法在 PMSM 转子磁链辨识中的应用,通过对四种典型非线性滤波方法进行研究,实现 PMSM 转子磁链辨识性能的综合比较,得出了 EKF 不失为综合性能优异的转子磁链辨识方法的结论。其次,在参数敏感性分析的基础上以 EKF 算法为例,提出了考虑电机参数变化时实现转子磁链满秩辨识的统一辨识算法,不仅能够在电机参数变化时确保转子磁链辨识结果的唯一性,且能够实现辨识精度和辨识速度的合理兼顾。最后,提出了基于代数法的 PMSM 参数辨识方法,彻底解决了电机参数变化对转子磁链辨识结果的影响及非线性滤波方法在多参数同时辨识中存在的辨识模型欠秩问题,同时具有计算量小和方便、实时、在线实现的技术优势,不仅为 PMSM 转子磁场均匀失磁故障提供诊断依据,而且为转子磁场失磁故障模式识别、故障程度评估及容错控制奠定了坚实的研究基础。

第 5 章　基于数据驱动的 PMSM
转子磁场局部失磁故障诊断

对于电动汽车等应用领域的 PMSM 驱动系统而言,常处于转速突变状态,从而产生较大的瞬态电流及较强的电枢反应,容易导致永磁体产生的转子磁场出现局部失磁故障。与均匀失磁故障不同,转子磁场局部失磁故障的出现除导致 PMSM 电磁转矩下降及相同电磁转矩约束下定子电流增加外,亦将在 PMSM 定子电流中出现式(1-1)所示的故障特征谐波,导致电磁转矩脉动,直接影响 PMSM 驱动系统的动静态性能。

大量文献研究表明,式(1-1)描述的 PMSM 定子电流故障特征谐波可以作为转子磁场局部失磁故障的有效诊断判据。然而,电动汽车等应用领域的非平稳运行工况将导致该微弱故障特征信号表现出明显的非平稳特性,且极易受基波电流及 PMSM 驱动系统噪声影响而被湮没,限制了其对转子磁场局部失磁故障物理解释的难度和电气表征的直观性。因此,为实现电动汽车 PMSM 转子磁场局部失磁故障的准确诊断,亟须解决式(1-1)所示转子磁场局部失磁非平稳微弱故障特征信号的有效提取及局部失磁故障直观表征的关键技术问题。

5.1　基于 HHT 的 PMSM 转子磁场局部失磁故障诊断

鉴于电动汽车的非平稳运行特征,式(1-1)表征的微弱故障特征信号亦将表征出明显的非平稳特性。以全局变换为基础的傅里叶变换及以傅里叶变换为理论支撑的短时傅里叶变换、Wingner-Ville 分布、小波变换等方法在处理此类信号时,存在时间与频率分辨率矛盾、交叉项干扰、虚假高频、兼顾全局最优和局部最优的小波基函数难以选择等技术不足。希尔伯特 – 黄变换(HHT)通过信号本身产生自适应基函数,是一种更具适应性的时频局部化分析方法,在非平稳信号的处理过程中具有更为优异的局部适应性,因此已被广泛引入到地球物理学、机械工程、生物医学、电气工程等领域,并已取得了大量的研究成果。为此,本章首先研究基于 HHT 的 PMSM 转子磁场局部失磁故障诊断方法,再研究基于分形维数的 PMSM 转子磁场局部失磁故障诊断方法,并对这两种诊断方法进行比较研究。

5.1.1　HHT 基本理论

HHT 作为一种基于瞬时频率的非线性、非平稳信号处理方法,由美籍华裔科学家黄锷于 1998 年提出,该方法由经验模态分解(empirical mode decomposition, EMD)和希尔伯特变换(Hilbert transform)两部分组成。经验模态分解作为 HHT 的重要组成部分,可以按照一定的筛选原则自适应地将非平稳信号分解为一系列对瞬时频率具有明确物理意义的单分量本征模态函数(intrinsic mode function,IMF),并采用希尔伯特变换计算各本征模态函数的瞬时频率,进而获得原始信号的时间 – 频率(时频)关系,即瞬时频率。

图 5-1 描述了 HHT 的基本过程,即对任意信号 $x(t)$ 进行 EMD 分解,获得本征模态函数 IMF_l,对每个 IMF_i 进行希尔伯特变换,得到相应的希尔伯特谱,将每一个 IMF 的希尔伯特谱表征在同一个时频图中,即可得到含时间、频率及幅值信息的原始信号三维时频谱 $H[w(t), t]$。

图 5-1　希尔伯特 – 黄变换过程

Fig. 5-1　The process of Hilbert-Huang transform

5.1.1.1　经验模态分解原理

为了分析非平稳信号的瞬时频率特性,需将信号频率表征为时间的函数。在 HHT 中,瞬时频率(instantaneous frequency, IF)具有非常直观的物理意义,然而如何对其进行精确定义,一直以来存在较大争议。如今,在摆脱传统傅里叶变换的影响之后,大部分观点认为瞬时频率的存在需要满足一些特定条件,如信号的单组分特性。因此,全局化的定义对于频率随时间变化的非平稳信号而言没有任何意义,为了得到有意义的瞬时频率,必须将基于全局性的限制条件修改为基于局部性的限制条件。

美籍华裔科学家黄锷等提出了定义瞬时频率的必要条件,即函数对称、局部零均值、相同的极值点与过零点,并在此基础上定义了本征模态函数(IMF)的两个条件:

(1)在任意时刻,由本征模态函数极值点定义的上下包络线均值为零;

(2)整个信号长度上,本征模态函数的过零点和极值点相等或最多相差1。

大量文献证明,本征模态函数存在具有明确物理意义的瞬时频率,并可通过希尔伯特变换求得。然而,对于一般信号而言,通常并不满足上述两个条件,瞬时频率往往无法求出,为此,黄锷做出如下假设:

(1)任何复杂信号均可视为由一组简单的、互不相同的本征模态函数组成;

(2)每个本征模态函数可为线性的,亦可视为非线性的;

(3)一个信号常包含多个本征模态函数,若各本征模态函数之间互相重叠,即形成复合信号。

基于上述假设,黄锷等提出了经验模态分解法,经验模态分解作为希尔伯特 - 黄变换的重要组成部分,可以按照一定的筛选原则自适应地将一个非平稳信号分解为一系列对瞬时频率具有明确物理意义的单分量本征模态函数,具体实现步骤如下所述:

(1)令 $x_{i,l}(t)$ 为原始信号 $x(t)$,$i=1,l=1$。

(2)获取 $x_{i,l}(t)$ 的所有极值点及其上下包络线 $e_{\max}(t)$ 和 $e_{\min}(t)$。

(3)由步骤(2)获取的上下包络线计算瞬时包络均值 $m_{i,l}(t) = \dfrac{e_{\max}(t) + e_{\min}(t)}{2}$。

(4)计算 $x(t)$ 与 $m_{i,l}(t)$ 差值,$h_{i,l}(t) = x(t) - m_1(t)$。

$h_{11}(t)$ 一般不满足式(5-1)描述的标准差条件,需将其作为原始信号 $x_{i,l}(t)$,重复步骤(2)～步骤(4),假设经过 k 次分解后,获得的 $h_{1k}(t)$ 满足式(5-1)描述的标准差条件,则获得第一个本征模态函数 $h_{1k}(t)$,记为 C_1。

$$sd = \sum_{t=0}^{T} \left[\frac{h_{1(k-1)}(t) - h_{1k}(t)}{h_{1(k-1)}(t)} \right]^2 \tag{5-1}$$

式中 sd 一般取 $0.2 \sim 0.3$。

(5)令 $r_i(t) = x_{i,l}(t) - h_{1k}(t)$,同时令 $r_i(t)$ 为原始信号 $x_{i,l}(t)$,即 $x_{i,l}(t) = r_i(t)$,重复步骤(2)～步骤(5),直至经 n 次分解后的 $r_n(t)$ 比预定值小或为单

调函数,EMD 分解结束,并获得 n 个频率组分依次降低的本征模态函数 C_1,C_2,$\cdots$,C_n 和一个不再含有任何频率信息的残余分量 r_n。此时,原始信号 $x(t)$ 的分解式可以表示为:

$$x(t) = \sum_{i=1}^{n} C_i + r_n \tag{5-2}$$

经过 EMD 分解,获取原始信号的一组本征模态函数后,即可采用希尔伯特变换计算各本征模态函数的瞬时频率,从而获取原始信号时间与频率(时频)的关系,即瞬时频率。

5.1.1.2　希尔伯特变换与希尔伯特谱

采用 EMD 方法得到的单分量本征模态函数,可通过希尔伯特变换计算其瞬时频率,从而得到希尔伯特谱。希尔伯特变换是一种强调局部性质的线性变换,由其可获得具有明确物理意义的瞬时频率,同时避免了傅里叶变换为了拟合原始数据而产生的虚假高频。

对单个本征模态函数 $c_i(t)$ 进行希尔伯特变换,可得:

$$H[c_i(t)] = c_i(t)\frac{1}{\pi t} = PV\int_{-\infty}^{\infty}\frac{c_i(t-\tau)}{\pi\tau}\mathrm{d}\tau \tag{5-3}$$

式中　PV——柯西主值积分。

构造 $c_i(t)$ 的解析信号为:

$$z_i(t) = c_i(t) + jH[c_i(t)] = a_i(t)\mathrm{e}^{-i\phi_i(t)} \tag{5-4}$$

幅值函数 $a_i(t)$ 和相位函数 $\phi_i(t)$ 分别为:

$$a_i(t) = \sqrt{c_i^2(t) + H^2[c_i(t)]} \tag{5-5}$$

$$\phi_i(t) = \arctan\{H[c_i(t)]/c_i(t)\} \tag{5-6}$$

式(5-4)、式(5-5)、式(5-6)以极坐标的形式描述了本征模态函数的瞬时幅值与瞬时相位,精确表征了本征模态函数的瞬时特性。

依据式(5-6)定义的瞬时频率为:

$$f_i(t) = \frac{d[\phi_i(t)]}{2\pi\mathrm{d}t} \tag{5-7}$$

因此,由希尔伯特变换得到的幅值和频率均为时间的函数,如果把幅值按照式(5-8)集中于时频平面上,便可得到希尔伯特谱,即信号的时间、频率、幅值三维谱。

$$H(t,f) = \mathrm{Re}\sum_{i=1}^{n}a_i(t)\mathrm{e}^{j\int\omega_i(t)\mathrm{d}t} \tag{5-8}$$

综上分析,EMD 方法的独特之处在于其没有固定的先验基底,其基底通过所分析数据自适应产生。同时,由于本征模态函数基于信号的时间特征获得,故每一个本征模态函数均可视为一个单组分时间序列,任意时刻均具有唯一的瞬时频率。因此,通过希尔伯特变换得到的本征模态函数的瞬时频率具有明确的物理意义,不会发生悖论,能够准确表征信号时(频)域的局部特性。此外,基于经验模态分解和希尔伯特变换的 HHT 方法,将信号瞬时频率定义为本征模态函数相位的导数,将基于全局性定义的限制条件修改为基于局部性定义的限制条件,从而不受海森堡测不准原理制约,在时域和频域范围内均具有较高分辨率,与以傅里叶变换为理论支撑的小波变换等时频分析工具相比有了明显进步。

5.1.2　基于 HHT 的 PMSM 转子磁场局部失磁故障诊断的仿真研究

为实现基于 HHT 的 PMSM 转子磁场局部失磁故障诊断的仿真研究,采用图 2-11 所示的转速外环和电流内环相结合的 PMSM 驱动系统,控制对象采用已建立的考虑转子磁场失磁故障及转子结构不对称的 PMSM,并工作在单个永磁体产生转子磁场 50% 局部失磁故障程度下,系统仿真步长取为 100 μs。为降低 HHT 计算量,PMSM 定子电流采样频率设定为 1 K。

在系统稳态工况下,设定参考转速、负载转矩分别为 750 r/min 和 50 N·m。图 5-2 为该工况下的定子电流波形及其傅里叶频谱、希尔伯特三维时频谱,图 5-3 为求取希尔伯特三维时频谱过程中经 EMD 分解所产生的本征模态函数(因信号为周期信号且频率较高,为清晰表征分解结果,取本征模态函数的 1~3 s 区域)。由图 5-2 可见,在稳态工况下,包含故障特征信号的定子电流为周期信号,采用傅里叶变换对图 5-2(a)所示含故障特征信号的定子电流进行频谱分析,可以获得较好的频率分辨率,能够清晰地表征出式(1-1)所示的转子磁场局部失磁故障特征谐波,如图 5-2(b)所示。而采用 HHT 对图 5-2(a)所示含故障特征信号的定子电流进行时频分析时,其时频分析结果中只存在基波电流以及 1/4 次、2/4 次故障特征谐波电流,如图 5-2(c)所示,而式(1-1)描述的如图 5-2(b)所示的其他次谐波成分则无法有效表征出来,这是由于上述谐波成分与基波电流频率较为接近,HHT 不具备对这类信号的分解能力。针对该问题,法国国家信息与自动化研究所的科研人员进行了一般性的数字仿真实验,得出混合信号 EMD 分解效果严重依赖信号频率及信号幅值相对大小的结论,但整体规律十分复杂。针对上述系统运行工况及电流基波与各次故障特征谐波幅值大小,经过大量的数值模拟实验,经验地认为当故障特征谐波频率与基波频率比值小于 1.8 时,微弱故障特征信号将无法正确分解出来,因此 5-2(b)中所出现的 3/4、5/4、6/4、7/4 次故障特征谐波无法在图 5-2(c)中由 HHT 方法分解出来。图 5-2(c)数据两端的轻微频率发散是由于 EMD 的边界效应所造成,针对此问题,黄锷及众多学者均开展了相关研究,并提出了多种解决方案。

在稳态研究的基础上,继而研究系统动态工况下基于 HHT 的转子磁场局部失磁故障特征信号提取问题。设定参考转速 750 r/min 降至 450 r/min 的动态变化、负载转矩仍取为 50 N·m。图 5-4 为上述工况下的电机转速动态、定子电流波形及其傅里叶频谱,图 5-5 和图 5-6 分别为上述工况下的定子电流希尔伯特三维时频谱及 EMD 分解所产生的本征模态函数。

由图 5-4 可见,在系统动态工况下,定子基波电流频率及转子磁场局部失磁故障特征谐波频率均随时间发生改变,傅里叶变换在分析该类信号时已经无能为力,稳态电流、动态电流及故障特征谐波电流均出现了较大的分解误差,如图 5-4(c)所示。而 HHT 仍然能够对含有局部失磁故障特征信号的定子电流进行有效分解,将符合 HHT 分解能力的 1/4 次及 2/4 次故障特征谐波分解出来,如图 5-5 所示,为车用非平稳运行工况约束的 PMSM 转子磁场局部失磁故障提供诊断依据。

由上述研究结果可知,基于全局性定义的傅里叶变换无法在系统动态运行工况下正确分解出式(1-1)所描述的 PMSM 转子磁场局部失磁故障特征谐波,而基于局部性定义的 HHT 则可以有效适配电动汽车的非平稳运行工况,在平稳与非平稳系统运行工况下均能实现转子磁场局部失磁故障特征信号的有效提取。

5.1.3 基于 HHT 的 PMSM 转子磁场局部失磁故障诊断的实验验证

驱动电机参数如表 3-1 所示。鉴于 HHT 的技术优势在于其所具备的瞬时频率的非线性、非平稳信号处理能力,因此仅针对 PMSM 驱动系统的动态运行工况进行实验验证。由于实验室环境下很难获取实际意义上的转子磁场局部失磁故障,为此,采取注入故障电流的方式进行故障模拟,实验中注入1/4 次故障特征谐波来模拟 PMSM 转子磁场局部失磁故障。设定负载转矩 3

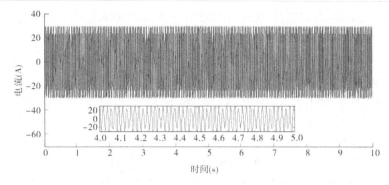

(a)定子电流及其局部放大图

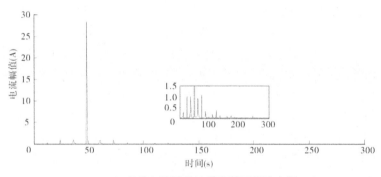

(b)定子电流傅里叶谱及其局部放大图

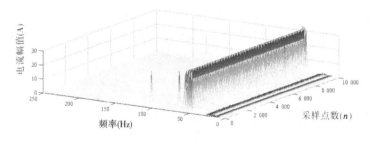

(c)定子电流希尔伯特三维时频谱

图 5-2　定子电流及其傅里叶频谱、希尔伯特三维时频谱

Fig. 5-2　The stator current and its Fourier spectrum,

Hilbert three dimension time-frequency spectrum

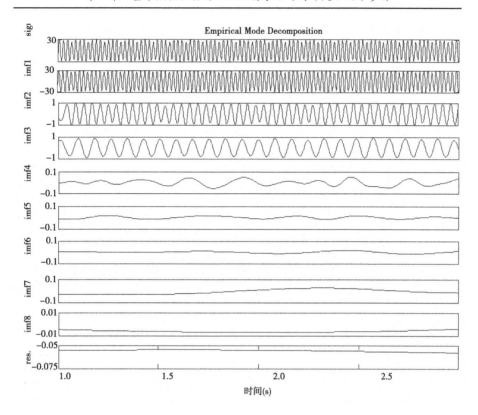

图 5-3　定子电流的 EMD 结果

Fig. 5-3　The EMD results of stator current

N·m,并取转速从 900 r/min 降至 450 r/min 的系统动态过程以模拟车用工况,实测电机转速动态如图 5-7 所示,为降低 HHT 的计算量,定子电流采样频率设定为 1 kHz,图 5-8 为电机转速降到 450 r/min 时的实测定子电流波形。

图 5-9 为转子磁场健康状态定子电流三维时频实测图,该时频图中除 30 ~ 60 Hz 的电流基波瞬时频率外,仅含有逆变器谐波分量的瞬时频率。而在注入表征转子磁场局部失磁故障的 1/4 次故障特征谐波后,基于 HHT 能够在定子电流中精确提取出该非平稳故障特征谐波的瞬时频率(7.5 ~ 15 Hz),如图 5-10 所示。图 5-10 中提取出来的基波频率 1/4 次故障特征谐波瞬时频率可以作为电动汽车非平稳运行状态下转子磁场局部失磁故障的诊断依据。

尽管 HHT 能够在系统非平稳运行工况下从定子电流中提取出表征 PMSM 转子磁场局部失磁的非平稳故障特征信号,实现 PMSM 转子磁场局部失磁故障的诊断。但由实验结果可知,受系统实际运行中逆变器输出谐波影

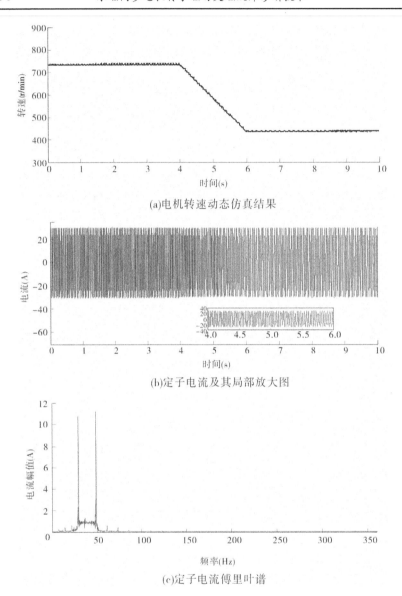

(a)电机转速动态仿真结果

(b)定子电流及其局部放大图

(c)定子电流傅里叶谱

图5-4 电机转速动态、定子电流波形及其傅里叶谱

Fig. 5-4 The PMSM speed dynamic, stator current and its Fourier spectrum

响,EMD分解能力下降严重,对转子磁场局部失磁故障特征的表征较为模糊,随着描述PMSM转子磁场局部失磁故障特征信号的减弱及频谱成分复杂度的增加,其表征能力将持续降低,难以实现转子磁场局部失磁故障尤其是故障特征信号较为微弱的早期局部失磁故障的可靠诊断。

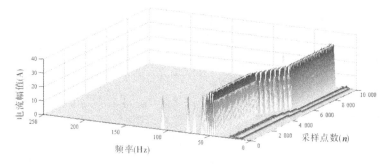

图 5-5　定子电流希尔伯特三维时频图

Fig. 5-5　Hilbert three dimension time-frequency figure of stator current

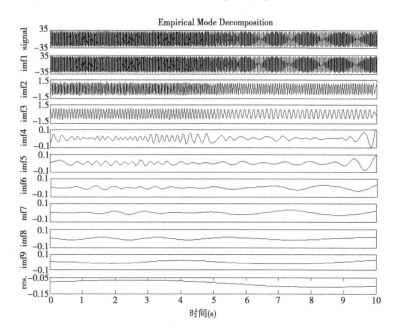

图 5-6　定子电流的 EMD 结果

Fig. 5-6　The EMD results of stator current

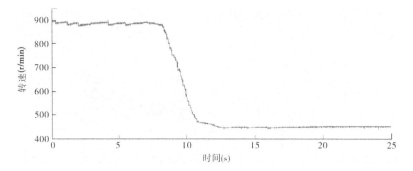

图 5-7 电机实际转速动态

Fig. 5-7 Real speed dynamic of PMSM

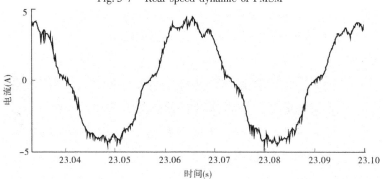

图 5-8 定子电流波形

Fig. 5-8 Stator current of PMSM

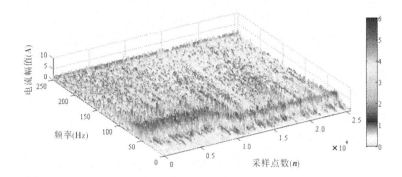

图 5-9 转子磁场健康状态时 PMSM 定子电流三维时频图

Fig. 5-9 Three-dimension time-frequency figure of
PMSM stator current in health condition of permanent magnet

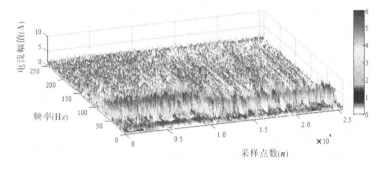

图 5-10　永磁体产生转子磁场局部失磁时 PMSM 定子电流三维时频图

Fig. 5-10　Three-dimension time-frequency figure of
PMSM stator current in local demagnetization condition

5.2　基于分形维数的 PMSM 转子磁场局部失磁故障诊断

　　HHT 作为一种基于瞬时频率和自适应基函数的非线性、非平稳信号处理方法,能够在 PMSM 驱动系统平稳与非平稳运行工况下实现转子磁场局部失磁故障特征信号的提取,为 PMSM 转子磁场局部失磁故障提供诊断依据。然而,该方法由经验模态分解和希尔伯特变换两部分组成,后者物理意义明确,方法成熟;而前者虽然在理论上比小波分析等传统时频分析方法更为合理,但至今尚无完善的数学理论证明,而是通过大量实践总结出来的"经验"规律,仍然存在诸如端点效应、模态混叠、虚假模态及模态裂解等技术不足,且在实际系统中受逆变器谐波影响及 EMD 分解能力限制,存在微弱故障特征信号及基波成分附近故障特征信号难以有效分解等问题,增加了对所分解出的信号进行物理解释及实现转子磁场局部失磁故障诊断的难度。

　　分形维数采用数值化的方法刻画故障特征,与频谱方法相比,故障描述更为清晰、直观,因此在故障诊断领域具有更为明显的技术优势。尽管该方法在生物工程、图像分析、地理信息监控等领域得到了广泛应用,但其在电气工程领域,尤其是电机故障诊断领域的应用仍然非常有限。

　　Riba Ruiz 等首次将分形维数引入至 PMSM 转子磁场失磁故障诊断领域,针对 PMSM 转子磁场局部失磁故障,采用时频分析方法中的 Choi-Williams 分布提取故障特征信号,并对其进行盒维数计算,判定转子磁场是否出现局部失磁故障。作为 Cohen 类函数的一种,Choi-Williams 分布没有完全解决交叉干扰项问题,存在交叉干扰项与时间 – 频率分辨率之间的矛盾。同时,为了获得转子磁场局部失磁故障时较为明显的故障特征信号盒维数变化,对故障特征信号进行了二值化处理,但在此过程中需要明确的门限阈值,该门限阈值需要大量的实验分析来确定,且随着电机运行工况的变化而变化,为此,难以保证该方法的实际应用效果。

同时,分形维数的计算对噪声信号较为敏感,要获得准确的表征转子磁场局部失磁故障的分形维数值,必须剔除干扰噪声。而在电动汽车等一些非平稳运行领域,逆变器产生的谐波噪声及检测装置的测量噪声较为复杂,且随系统运行工况的变化而变化,传统滤波方法的滤波效果有限。EMD 基于信号的局部时间尺度,能够把含有转子磁场失磁故障特征信号的 PMSM 定子电流分解为一系列 IMF 之和,是一种自适应的信号处理方法,适用于非线性和非平稳过程的滤波处理。但受 EMD 分解能力的限制,分解过程中存在微弱故障特征信号湮没及基波附近故障特征信号难以有效分解的问题,且较大的基波成分会导致失磁故障时含有故障特征信号的定子电流分形维数变化不明显,从而影响转子磁场局部失磁故障的准确诊断。

为此,针对 PMSM 转子磁场局部失磁故障,本章提出采用自适应基波提取算法提取定子电流基波,消除定子基波电流对微弱故障特征信号分形维数计算结果的影响。在此基础上,将基于 EMD 方法获取的包含主要故障信息的本征模态函数进行重构,消除 PMSM 驱动系统高频谐波及 EMD 分解低频趋势项对微弱故障特征信号分形维数计算结果的影响,实现微弱故障特征信号分形维数的准确计算和故障特征清晰、直观、数值化表征,从而实现 PMSM 转子磁场局部失磁故障的准确诊断。

5.2.1　自适应基波提取及盒维数计算

5.2.1.1　自适应基波提取算法

自适应基波提取算法由 Ziarani A. K. 首先提出,并给出了详细推导和证明,Douglas H. 和 Barendse P. S. 则分别将该方法应用于实现感应电机转子断条及 PMSM 定子绕组匝间短路故障的诊断。本章将其拓展应用于 PMSM 的转子磁场局部失磁故障诊断,并给出如下推导。

定义 $i(t)$ 为 PMSM 定子电流,其包括基波电流 $i_o(t)$ 和其他各种谐波电流 $i_1(t)$,表达式为:

$$i(t) = i_o(t) + i_1(t) \tag{5-9}$$

定义 $i_{ext}(t)$ 为从定子电流 $i(t)$ 中提取到的基波成分,提取过程中采用梯度下降法减小定子电流 $i(t)$ 与提取基波电流 $i_{ext}(t)$ 之间的最小平方误差,定义代价函数为:

$$J(t,\theta) = \frac{1}{2}\left[i(t) - i_{ext}(t,\theta)\right]^2 = \frac{1}{2}e^2(t,\theta) \tag{5-10}$$

式中　θ——表征基波提取电流幅值 $I(t)$、频率 $\omega(t)$ 和相位 $\delta(t)$ 瞬时值的参数向量。

梯度下降法提供了一个使代价函数 $J(t,\theta)$ 收敛于最小值点的未知参数向量 θ 的调整方法,调整过程可由式(5-11)描述。

$$\frac{\mathrm{d}\theta}{\mathrm{d}t} = -\mu\frac{\partial\{J[t,\theta(t)]\}}{\partial\theta(t)} \tag{5-11}$$

对式(5-11)中代价函数的正确收敛性进行了大量的数学推导与数学证明,该收敛过程可以生成一组表征基波信号幅值、频率及相位瞬时值提取过程的非线性微分方程,其表达式为:

$$\frac{\mathrm{d}I(t)}{\mathrm{d}t} = \mu_1 e(t)\sin\phi(t) \tag{5-12}$$

$$\frac{\mathrm{d}\omega(t)}{\mathrm{d}t} = \mu_2 I(t)e(t)\cos\phi(t) \tag{5-13}$$

$$\frac{\mathrm{d}\phi(t)}{\mathrm{d}t} = \mu_2\mu_3 e(t)\cos\phi(t) + \omega(t) \tag{5-14}$$

$$i_{ext}(t) = I(t)\sin\phi \tag{5-15}$$

式中　$I(t)$、$\omega(t)$、$\phi(t)$——实际提取基波信号 $i_{ext}(t)$ 的幅值、频率及相位瞬时值;

　　　$e(t)$——提取误差;

　　　μ_1、μ_2、μ_3——正常数,其大小将决定基波提取精度和提取速度,选取时应综合考虑二者因素进行折中。

求解式(5-12)~式(5-15)非线性微分方程,即可实现定子电流基波信号的自适应提取,其算法流程如图 5-11 所示。图 5-11 中,$\omega_o(t)$ 为指定提取频率,这里为定子电流基波频率。

5.2.1.2　盒维数计算方法

Mandelbor 于 1975 年首次提出分形几何与分数维的概念,并于 1986 年给

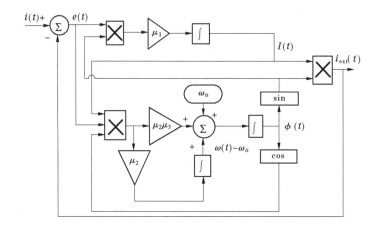

图 5-11　自适应基波提取算法框图

Fig. 5-11　Block diagram of the adaptive fundamental wave extraction algorithm

出了分形的实用定义,揭开了分形理论在生物工程、图像分析、地理信息监控、电气工程等工程领域应用的序幕。分形维数是分形信号处理技术的度量工具,能够实现对所处理信号分形集的刻画,基于分形维数的特征提取能够反应信号复杂程度分布的变化,在故障诊断领域,可将其用于度量故障前后相关特征信号的变化,以实现故障判断。分形维数根据其计算方法的不同可以分为盒维数、豪斯多夫维数及关联维数,其中,盒维数由于涉及参数少、实现简单、易于数字实现,常用来描述分形信号的几何尺度信息,其相关定义如下。

　　设 X 是 R^n 的非空有界子集,$N(X, \varepsilon)$ 表示最大直径为 ε 且能够覆盖 X 集合的最少个数,则 X 的盒维数定义为:

$$\dim_B X = \lim \frac{\ln N(X, \varepsilon)}{\ln(1/\varepsilon)} \tag{5-16}$$

　　由于式(5-16)中的极限无法按照定义求出,所以在计算离散信号盒维数时通常采用近似方法。设离散信号 $y(i) \subset Y$,Y 是 n 维欧式空间 R^n 上的闭集。用尽可能细的 ε 网格划分 R^n,N_ε 是集合 Y 的网格计数。以 ε 尺寸网格作为基准,逐步放大到 $k\varepsilon$ 尺寸网格,其中 k 取正整数。令 $N_{k\varepsilon}$ 为离散空间上集合 Y 的网格计数,则有:

$$P(ke) = \sum_{i=1}^{N/k} |\max\{y_{k(i-1)+1}, y_{k(i-1)+2}, \cdots, y_{k(i-1)+k+1}\}| - |\min\{y_{k(i-1)+1}, y_{k(i-1)+2}, \cdots, y_{k(i-1)+k+1}\}| \tag{5-17}$$

式中：$i = 1, 2, \cdots, N/k$，N 为采样点数，$k = 1, 2, \cdots, M, M < N$。

网格计数 $N_{k\varepsilon}$ 为：

$$N_{k\varepsilon} = \frac{P(k\varepsilon)}{\varepsilon} + 1 \tag{5-18}$$

式中：$N_{k\varepsilon} > 1$。

在 $\lg(k\varepsilon) - \lg N_{k\varepsilon}$ 图中确定线性较好的一段，并令其起点和终点分别为 k_1 和 k_2，则存在：

$$\lg N_{k\varepsilon} = \alpha \lg(k\varepsilon) + b \qquad k_1 \leq k \leq k_2 \tag{5-19}$$

采用最小二乘法确定该直线斜率，即可获得盒维数 $\dim_B$，其表达式为

$$\dim_B = -\frac{(k_2 - k_1 + 1)\sum \lg k \lg N_{k\varepsilon} - \sum \lg k \sum \lg N_{k\varepsilon}}{(k_2 - k_1 + 1)\sum \lg^2 k - \left(\sum \lg k\right)^2} \tag{5-20}$$

对于盒维数而言，其数值随所分析信号形状的改变而变化。可以预期，转子磁场局部失磁故障产生的特征谐波会改变定子电流或某些特征频段信号波形，从而在盒维数值上得以体现，并将其作为 PMSM 转子磁场局部失磁故障诊断的依据。

5.2.2　基于分形维数的 PMSM 转子磁场局部失磁故障诊断的仿真研究

为实现基于分形维数的 PMSM 转子磁场局部失磁故障诊断的仿真研究，采用图 2-11 所示的转速外环和电流内环相结合的 PMSM 驱动系统，实现 PMSM 驱动系统的 MTPA 运行，控制对象采用前文建立的考虑转子磁场失磁故障及转子结构不对称的 PMSM，并工作于单个永磁体产生转子磁场 50% 局部失磁故障程度下，定子电流采样周期及系统仿真步长均选为 100 μs。

在系统稳态工况下，设定参考转速 750 r/min（0 ~ 0.5 s 采用斜坡给定）、负载转矩 50 N·m。图 5-12 为上述工况及单个永磁体产生转子磁场 50% 局部失磁故障程度下包含故障特征信号的定子电流波形，由于系统实际运行过程中，PMSM 定子电流中除含有基波、故障特征谐波外，还将含有大量的逆变器谐波，逆变器谐波的存在会严重影响微弱故障特征信号分形盒维数的计算结果，从而影响转子磁场局部失磁故障的精确诊断。因此，在采用分形盒维数对转子磁场局部失磁故障进行精确表征的同时，必须对逆变器谐波进行有效滤除，而在电动汽车等一些非平稳运行领域，逆变器产生的谐波噪声及检测信号中的测量噪声较为复杂，且随系统运行工况的变化而变化，传统滤波方法的

滤波效果有限。鉴于 EMD 方法的技术优势,本节采用 EMD 方法实现对逆变器谐波的滤除。图 5-13 为采用 EMD 方法获取的图 5-12 所示稳态定子电流(取图 5-12 中 1 ~ 11 s 数据)的单分量本征模态函数(因信号为平稳周期信号且频率较高,为清晰表征 EMD 分解结果,取本征模态函数的 1 ~ 3 s 区域),由于仿真环境下逆变器谐波含量较为微弱,因此图 5-13 中并没有分解出表征逆变器高频谐波的有效本征模态函数,但在实际系统中,逆变器谐波的影响则无法忽略,如图 5-8 和图 5-9 所示。同时,在 EMD 分解过程中会产生一些如图 5-13 中 imf4 ~ imf8 所示的低频趋势项,这些低频信号的存在可能影响到转子磁场局部失磁故障特征信号的盒维数计算结果,从而影响转子磁场局部失磁故障的准确诊断。为此,提出采用包含失磁故障特征信号的 imf1 ~ imf3 重构定子电流,消除 EMD 分解趋势项及实际系统中的逆变器高次谐波影响。这样,受 EMD 分解能力限制而基波湮没掉的故障信号仍然会在重构后的定子电流分形维数中得以体现,理论上仍然能够对 PMSM 转子磁场局部失磁故障进行有效表征。

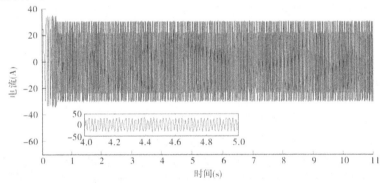

图 5-12　稳态运行工况及单个永磁体产生转子磁场 50% 局部失磁程度时定子电流

Fig. 5-12　The stator current with steady operation condition and 50%
local demagnetization degree for a single permanent magnet

　　图 5-14 为重构后含故障特征谐波的定子电流,由于定子电流基波较大,而 EMD 分解低频趋势项幅值较小,故重构后的定子电流与定子电流原始信号的差别并不明显。对图 5-14 所示重构定子电流进行盒维数计算,其值为1.964 2,计算依据如盒维数双对数图 5-15 所示。图 5-15 中横轴为所选网格尺寸,纵轴为该网格尺寸下覆盖分析信号所需要的非空网格数,由盒维数计算方法可知,盒维数计算过程为在双对数图 5-15 中确定线性较好的一段为无标度区,并采用最小二乘法确定该无标度区直线斜率,斜率计算结果即为所分析

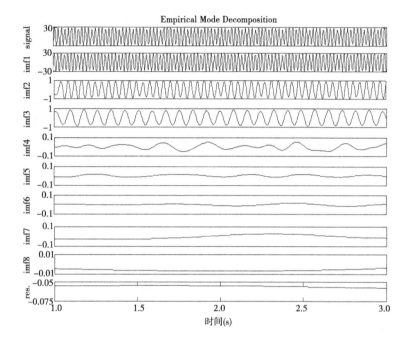

图 5-13　定子电流的 EMD 结果

Fig. 5-13　The EMD results of stator current

信号的盒维数。而在相同工况下,采用相同方法在转子磁场健康状态下的定
子电流盒维数计算值为 1.963 8。可见,局部失磁故障时定子电流盒维数值虽
发生了变化,但其变化非常微小,难以实现转子磁场局部失磁故障的有效诊
断。究其原因在于故障特征信号较为微弱,信噪比(基波电流与故障特征电
流比值)较大,盒维数计算值几乎不受故障特征信号的影响,导致采用含基波
成分的定子故障电流盒维数来刻画局部失磁故障的实际效果有限。因此,为
提高盒维数对转子磁场局部失磁故障的刻画能力,需要剔除定子基波电流对
微弱故障特征信号的影响,但是受 EMD 分解能力的限制,如果采用图 5-13
EMD 结果直接重构滤除基波电流,势必会同时滤除一些故障特征谐波。因
此,提出采用自适应基波电流提取算法抽去定子电流基波,再对剩余信号进行
EMD 分解,重构表征转子磁场局部失磁的故障特征信号,消除定子电流基波、
EMD 分解趋势项及逆变器高频谐波对故障特征信号盒维数计算值的影响。
定子基波提取电流及重构后的故障特征信号如图 5-16 所示,对图 5-16 所示的
自适应基波提取算法收敛后的重构故障特征信号进行盒维数计算(对应图 5-
16 中的 1~11 s),其值为 1.933 3。而在相同工况下,对转子磁场健康状态下

的定子电流进行上述相同处理后的盒维数计算值为 1.828 1,可见在滤除基波电流后,故障特征信号的盒维数值发生了明显变化,可将其作为局部失磁故障诊断的有效判据。

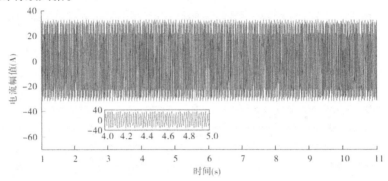

图 5-14　定子电流重构波形

Fig. 5-14　The reconstruction wave of stator current

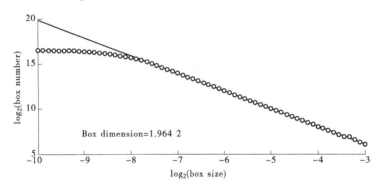

图 5-15　盒维数双对数图

Fig. 5-15　Double logarithmic figure of box dimension

　　表 5-1 为上述工况下单个永磁体产生的转子磁场存在不同失磁程度时,基于所提方法的盒维数计算值,图 5-17 为不同失磁故障程度下计算盒维数所取线性区的双对数图,为清晰表征盒维数计算结果,图中仅给出永磁体健康、单个永磁体产生转子磁场局部失磁 20% 和单个永磁体产生转子磁场局部失磁 50% 三种故障程度。尽管本章所考虑的局部失磁故障程度与永磁体基波磁链相比均较微弱(研究对象为一台 8 极 PMSM,局部失磁程度均不超过 10%),但由表 5-1 可以看出,系统稳态工况下,基于所提方法计算出的盒维数值仍然能够对其进行有效表征。

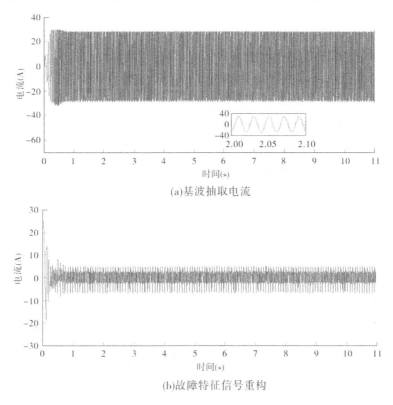

(a)基波抽取电流

(b)故障特征信号重构

图 5-16　基波提取电流及故障特征信号重构

Fig. 5-16　The fundamental extractive current and the reconstruction of fault characteristic signal

表 5-1　不同失磁程度的故障特征信号盒维数值

Tab. 5-1　The box counting value of fault characteristic signal under

the different demagnetization degree

项目	健康	10%局部失磁	20%局部失磁	30%局部失磁	40%局部失磁	50%局部失磁
数据	1.828 1	1.863 1	1.896 1	1.917 2	1.926 8	1.933 3

在上述研究的基础上,本章继续研究系统动态运行时所提方法的转子磁场局部失磁故障诊断能力。转速动态仿真结果如图 5-18 所示,起始阶段采用斜坡给定,负载给定 50 N·m。图 5-19 为该运行工况下,单个永磁体产生转子磁场 50% 局部失磁时定子电流及其基波提取电流波形。图 5-20 为提取基波电流瞬时频率的三维表示。图 5-21 为基波提取后的剩余电流经 EMD 重构后的波形。表 5-2 为该工况下不同失磁故障程度时,基波提取算法稳定收敛

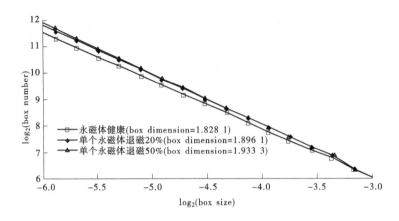

图 5-17　不同失磁故障程度的盒维数双对数图

Fig. 5-17　Double logarithmic figure of box dimension
under different demagnetization degree

后重构故障信号的盒维数计算结果。图 5-22 为不同失磁故障程度下计算盒维数所取线性区的双对数图。由表 5-2 可知,所提出的以自适应基波提取和 EMD 重构滤波方法相结合,再基于盒维数值的局部失磁故障诊断方法,能够在系统动态运行工况下实现 PMSM 转子磁场局部失磁故障的准确诊断。

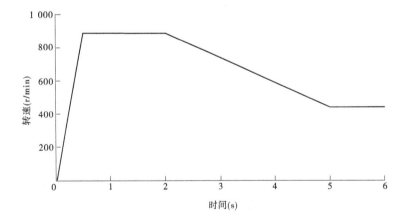

图 5-18　转速动态仿真结果

Fig. 5-18　The simulation result of speed dynamic

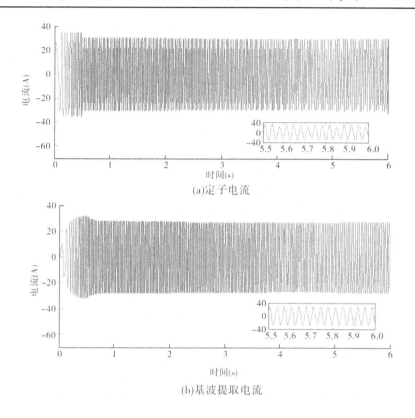

(a)定子电流

(b)基波提取电流

图 5-19　定子电流及其基波提取电流

Fig. 5-19　The stator current and its fundamental extractive current

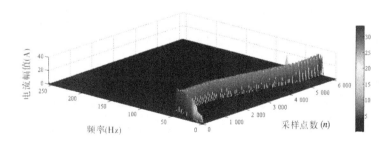

图 5-20　提取基波电流及其三维时频图

Fig. 5-20　The fundamental extractive current and its three-dimension time-frequency figure

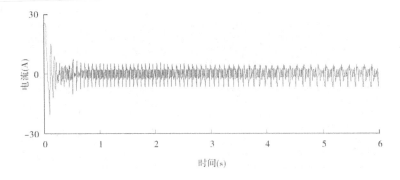

图 5-21　故障特征信号重构

Fig. 5-21　The reconstruction of fault characteristic signals

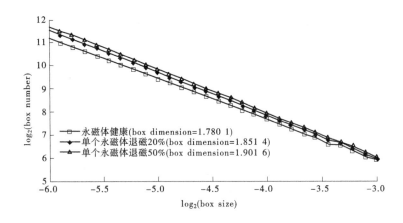

图 5-22　不同失磁故障程度的盒维数双对数图

Fig. 5-22　Double logarithmic figure of box dimension under different demagnetization degree

表 5-2　不同失磁故障程度的故障特征信号盒维数值

Tab. 5-2　The box counting value of fault characteristic signal under the different demagnetization degree

项目	健康	10% 局部失磁	20% 局部失磁	30% 局部失磁	40% 局部失磁	50% 局部失磁
数据	1.780 1	1.822 7	1.851 4	1.884 7	1.895 7	1.901 6

5.2.3　基于分形维数的 PMSM 转子磁场局部失磁故障诊断的实验验证

采用故障注入方式实施基于分形维数的 PMSM 转子磁场局部失磁故障诊断方法的实验验证,注入与仿真研究相同的特征谐波(基波)电流幅值比的故障信号,并分稳态和动态两种系统运行工况分别进行测试验证。图 5-23 为给定转速 750 r/min、负载转矩 3 N·m,注入单个永磁体产生转子磁场 50% 局部失磁故障谐波电流后的定子电流波形,图 5-24 为其基波提取电流。对单个永磁体产生转子磁场不同失磁故障程度下的 PMSM 定子电流进行基波抽取,对抽去基波电流后的剩余定子电流信号进行 EMD 重构滤波后,再进行盒维数计算,并与转子磁场健康状态下的定子电流经上述相同处理后获得的盒维数计算值进行比较,比较结果如表 5-3 所示。

设定 PMSM 驱动系统转速动态为 900 r/min 降至 450 r/min、负载转矩 3 N·m,图 5-25 为实测转速波形,图 5-26 为定子故障电流及其基波提取电流。对单个永磁体产生转子磁场不同失磁故障程度抽去基波电流后的剩余定子电流信号进行 EMD 重构滤波后,再进行盒维数计算,并与转子磁场健康状态下的定子电流经上述处理后获得的盒维数值进行比较,比较结果如表 5-4 所示。由表 5-3、表 5-4 可知,无论系统运行在稳态工况或是动态工况下,基于分形维数的故障诊断方法均能实现转子磁场微弱局部失磁故障的有效诊断。

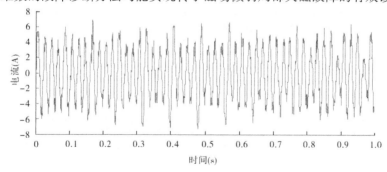

图 5-23　注入故障谐波后的定子电流波形

Fig. 5-23　The stator current after injecting the fault harmonic

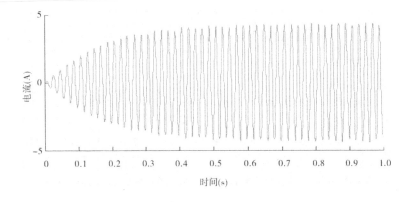

图 5-24　基波提取电流

Fig. 5-24　The fundamental extractive current

表 5-3　稳态工况时不同失磁故障程度的故障特征信号盒维数值

Tab. 5-3　The box counting value of fault characteristic signal with different
demagnetization fault degree under steady condition

项目	健康	10% 局部失磁	20% 局部失磁	30% 局部失磁	40% 局部失磁	50% 局部失磁
数据	1.444 1	1.491 5	1.531 1	1.540 5	1.551 0	1.567 1

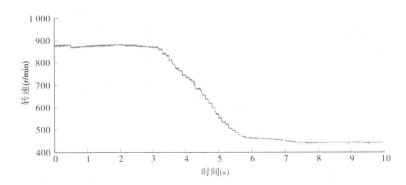

图 5-25　电机实测转速波形

Fig. 5-25　The measured PMSM speed dynamic

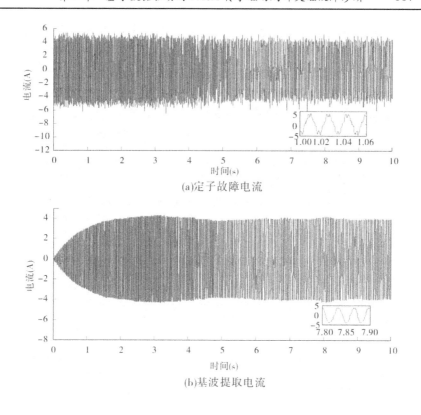

(a)定子故障电流

(b)基波提取电流

图 5-26　定子故障电流及基波提取电流

Fig. 5-26　The stator fault current and its fundamental extractive current

表 5-4　动态工况时不同失磁故障程度的故障特征信号盒维数值

Tab. 5-4　The box counting value of fault characteristic signal with different demagnetization fault degree under dynamic condition

项目	健康	10% 局部失磁	20% 局部失磁	30% 局部失磁	40% 局部失磁	50% 局部失磁
数据	1.556 1	1.581 1	1.586 0	1.596 8	1.616 5	1.628 5

5.3　本章小结

本章首先指出 PMSM 转子磁场局部失磁故障亟须解决的关键技术问题,

并通过仿真测试和实验验证相结合的手段,研究了 HHT 的微弱局部失磁故障特征信号的分解和提取能力,指出了该方法存在基波频率附近微弱特征故障信号容易湮没,以及受逆变器输出谐波影响 EMD 对局部失磁故障表征较为模糊的技术不足。在上述研究的基础上,提出了以自适应基波提取和 EMD 重构滤波相结合,再基于分形维数的 PMSM 转子磁场局部失磁故障诊断方法。仿真研究和实验验证均证实了所提出的以自适应基波提取和 EMD 重构滤波相结合,再基于分形盒维数的 PMSM 转子磁场局部失磁故障诊断方法能够在 PMSM 驱动系统稳态和动态工况下实现定子电流基波的有效提取,消除定子基波电流、PMSM 驱动系统高频谐波及 EMD 低频趋势项对微弱故障特征信号盒维数计算值的影响,实现 PMSM 转子磁场局部失磁故障的准确诊断。此外,所提方法实现了 PMSM 局部失磁故障诊断的数值化描述,与 HHT 等频谱方法相比,具有更为清晰的物理解释和直观表达,且算法相对简单,所需数据长度较短、计算量小,同时适应于系统稳态和动态运行工况,能够有效地解决电动汽车等非平稳运行领域 PMSM 驱动系统出现的转子磁场局部失磁故障诊断问题。

第 6 章　PMSM 失磁故障模式识别、故障程度评估及容错补偿

相对于感应电机故障及 PMSM 其他故障形式而言,PMSM 转子磁场失磁故障研究起步较晚,取得的技术成果较为有限,且多集中于故障诊断的研究,在计及转子磁场失磁故障的 PMSM 数学建模、转子磁场不同失磁故障的故障模式识别、故障程度评估及转子磁场失磁故障的容错补偿等关键技术研究方面鲜有文献报道。为此,基于前述章节已完成的计及转子磁场失磁故障的 PMSM 建模、均匀和局部失磁故障诊断,本章对 PMSM 转子磁场失磁故障模式识别、故障程度评估及容错补偿等技术进行研究,旨在形成集转子磁场失磁故障建模、故障诊断、故障模式识别、故障程度评估及容错补偿于一体的 PMSM 转子磁场失磁故障综合解决方法。

6.1　PMSM 转子磁场失磁故障模式识别

PMSM 转子磁场均匀失磁故障与局部失磁故障的形成机制不同,电气表征亦不完全相同。因此基于模型驱动或数据驱动的故障诊断方法难以实现两种故障模式的统一诊断及不同故障模式的有效识别。

无论是转子磁场均匀失磁故障抑或局部失磁故障,转子磁链幅值均会出现不同程度的降低,因此转子磁链幅值的辨识可以作为转子磁场失磁故障的定性诊断依据。此外,一旦出现转子磁场局部失磁故障,将打破 PMSM 转子等效物理结构的对称性,且在 PMSM 中以故障电流特征谐波的形式予以表征;而均匀失磁故障并不会打破 PMSM 转子等效物理结构的对称性,故不会出现对应局部失磁故障的故障特征谐波。因此,转子磁场局部失磁故障需在转子磁场失磁故障定性诊断的基础上,再采用基于数据驱动的诊断方法进行识别,据此研究思路并基于本书第 4 章、第 5 章的讨论基础,形成转子磁场均

匀失磁与局部失磁两种故障模式的识别方法,具体识别流程描述如下所述:

(1)基于模型驱动的非线性滤波满秩辨识方法或代数辨识方法,在测量噪声、非平稳系统运行工况、电机参数变化等车用工况约束下,实现转子磁链幅值的高精度、在线、满秩辨识,辨识结果作为 PMSM 转子磁场失磁故障的诊断依据。

(2)将自适应基波提取和 EMD 重构滤波相结合,再基于分形维数的故障诊断方法,实现 PMSM 转子磁场局部失磁故障诊断。

(3)若第二步诊断结果得以证实,则可判定为转子磁场局部失磁故障,否则可判定是均匀失磁故障。

PMSM 转子磁场失磁故障模式识别流程如图 6-1 所示。

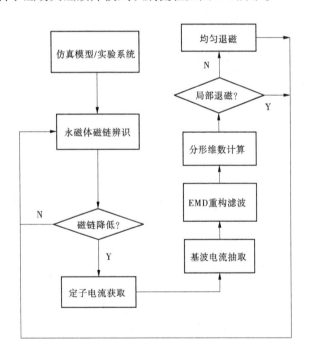

图 6-1 转子磁场失磁故障模式识别流程

Fig. 6-1   the flow chart of permanent magnet demagnetization fault mode recognition

6.2　PMSM 转子磁场失磁故障程度评估

目前,PMSM 转子磁场失磁故障的研究多集中于故障的定性诊断领域,缺少故障程度评估的研究。事实上,包括 PMSM 转子磁场失磁故障在内的任何故障形式均存在一个由轻微到严重的动态演变过程,对于此过程的精确把控,有利于采取有效措施避免故障扩大,确保设备及系统的安全可靠运行,这对于系统运行可靠性要求甚为苛刻的电动汽车、新能源发电等应用领域而言尤为重要。针对故障程度评估的研究,目前多集中于轴承等机械设备领域,所采取的方法多为以大数据样本处理为基础的人工智能技术。

鉴于转子磁场均匀失磁故障并没有打破 PMSM 转子等效物理结构的对称性,仅导致转子磁链幅值降低。因此,对于均匀失磁故障的评估,可以容易地通过转子磁链辨识结果与实际值的比对实现,一旦准确辨识出转子磁链幅值,即可实现均匀失磁故障程度的高精度评估。本书第 4 章已经对满足诸多约束条件的 PMSM 转子磁链辨识方法进行了深入研究,辨识结果可以作为转子磁场均匀失磁故障程度评估的依据,因此本章主要研究转子磁场局部失磁故障程度的评估方法。

转子磁场局部失磁故障的存在不仅会降低转子磁链幅值,亦会因转子等效物理结构的对称性被打破,而在 PMSM 定子电流中出现特定次故障特征谐波,导致 PMSM 电磁转矩的降低及其驱动系统控制性能的下降。因此,对于转子磁场局部失磁故障的评估,不能仅从转子磁链幅值降低的单一影响角度考虑,而应从转子磁链幅值降低导致的电磁转矩降低,以及故障谐波出现导致的 PMSM 驱动系统性能下降两个方面进行综合考量。即对于转子磁场局部失磁故障程度的评估,应侧重于其对 PMSM 驱动系统所产生的综合影响,将其作为 PMSM 驱动系统带载能力及控制性能的综合影响因素加以评估。

由表 2-1 可知,PMSM 局部失磁故障的出现将导致转子磁场基波磁链及特定次谐波磁链幅值的变化,并随着故障程度的变化呈现出复杂的变化规律,导致故障特征谐波电流亦呈现出复杂的变化规律,因此难以根据某一特定次谐波的变化实现局部失磁故障程度的精确描述。而本书第 5 章提出的以定子电流自适应基波抽取和 EMD 重构滤波相结合,再进行故障特征信号分形盒维数计算的永磁体局部失磁故障诊断方法,不再以某一特定次谐波为分析对象,而将定子电流中的故障特征谐波统筹考虑,计算其盒维数值,以描述故障特征信号的波形复杂程度。由表 5-1 ~ 表 5-4 可知,随着转子磁场局部失磁故障程度的变化,故障特征信号盒维数计算值亦将发生变化,因此可将故障特征谐波盒维数值作为衡量局部失磁故障对 PMSM 驱动系统性能所产生影响的综合评价指标,即基于故障特征谐波盒维数值,实现转子磁场局部失磁故障程度的评估。

6.2.1　PMSM 局部失磁故障程度评估的仿真研究

为深入研究基于故障特征谐波盒维数值实现 PMSM 转子磁场局部失磁故障程度的评估能力,对 PMSM 转子磁场局部失磁故障程度进一步细化处理。针对图 2-11 所示 PMSM 驱动系统及表 2-2 所示 PMSM 参数,设定参考转速 750 r/min、负载转矩 50 N·m 的系统稳态运行工况,表 6-1 和图 6-2 分别为 PMSM 单个永磁体产生转子磁场不同失磁故障程度的故障特征信号盒维数计算值及二者之间函数关系的拟合曲线。表 6-2 和图 6-3 则分别表示为转速设定为图 5-18 所示转速动态、负载转矩 50 N·m 时,PMSM 单个永磁体产生功能转子磁场不同失磁程度的故障特征信号盒维数值及二者之间函数关系的拟合曲线。由表 6-1、表 6-2,以及图 6-2、图 6-3 可知,PMSM 转子磁场局部失磁故障程度与其故障特征信号盒维数值之间近似存在简单的二次多项式关系,实际应用中可存储此数据关系,在获取故障特征信号盒维数值后,通过反向查取即可实现转子磁场局部失磁故障程度的可靠评估。

表 6-1　单个永磁体产生转子磁场不同失磁程度的故障特征信号盒维数值

Tab. 6-1　The box dimension value of fault characteristic signal under the different local demagnetization degree for single permanent magnet

项目	健康	5% 局部失磁	10% 局部失磁	15% 局部失磁	20% 局部失磁	25% 局部失磁
数据	1.828 1	1.839 2	1.863 1	1.887 3	1.896 1	1.900 5
项目	—	30% 局部失磁	35% 局部失磁	40% 局部失磁	45% 局部失磁	50% 局部失磁
数据	—	1.917 2	1.922 2	1.926 8	1.931 5	1.933 3

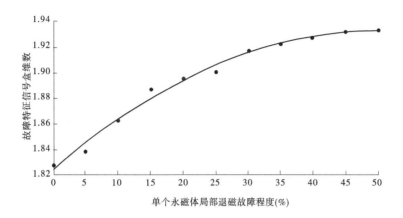

图 6-2　局部失磁故障程度与故障特征信号盒维数关系拟合曲线

Fig. 6-2　The fitting curve for the relation of local demagnetization fault degree
and its fault characteristic signal box dimension

表 6-2　单个永磁体产生转子磁场不同失磁程度的故障特征信号盒维数值

Tab. 6-2　The box dimension value of fault characteristic signal under the different
local demagnetization degree for single permanent magnet

项目	健康	5%局部失磁	10%局部失磁	15%局部失磁	20%局部失磁	25%局部失磁
数据	1.780 1	1.803 6	1.822 7	1.842 1	1.851 4	1.871 4
项目	—	30%局部失磁	35%局部失磁	40%局部失磁	45%局部失磁	50%局部失磁
数据	—	1.884 7	1.893 6	1.895 7	1.901 0	1.901 6

6.2.2　系统运行工况对 PMSM 局部失磁故障程度评估性能的影响

在上述研究的基础上,从负载转矩变化及电机转速变化两个方面入手,分析基于故障特征谐波盒维数值实现 PMSM 永磁体局部失磁故障程度评估的可行性。图 6-4 为单个永磁体产生转子磁场失磁 50%;电机转速设定为 750 r/min,负载转矩从 20 N·m 升到 100 N·m 变化时的故障特征信号盒维数值变化曲线,图 6-5 则为单个永磁体产生转子磁场失磁 50%、负载转矩设定为

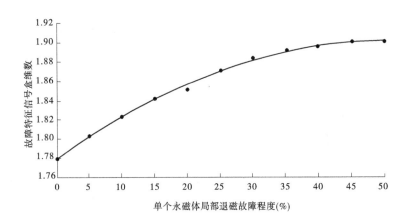

图 6-3　局部失磁故障程度与故障特征信号盒维数关系拟合曲线

Fig. 6-3　The fitting curve for the relation of local demagnetization fault degree

and its fault characteristic signal box dimension

50 N·m,转速从 300 r/min 升至 900 r/min 时的故障特征信号盒维数值变化曲线。由图 6-4 和图 6-5 可见,相同故障程度下的故障特征信号盒维数值受负载变化的影响较小,而受转速变化的影响较为明显,究其原因在于,系统运行速度的变化会导致定子电流基波及各故障特征谐波频率发生改变,从而改变故障特征信号的波形结构,导致用来衡量故障特征信号波形复杂程度的盒维数值出现变化。而在负载发生变化时,在系统稳定运行条件下的定子电流基波及故障特征谐波成分只会等比缩放,而波形结构并不发生改变,从而不会引起故障特征信号盒维数值的变化。

　　在实际应用中,难以实现诸多系统工况下转子磁场健康状态与不同失磁故障程度故障特征信号盒维数值的一并存储,并与转子磁场局部失磁故障特征信号盒维数的实际计算值相比较,以实现局部失磁故障诊断与故障程度评估。因此,以自适应基波提取和 EMD 重构滤波相结合,再基于分形维数的 PMSM 转子磁场局部失磁故障诊断方法更为适合 PMSM 转子磁场局部失磁故障的定点(速度点)诊断与失磁故障程度的定点评估。

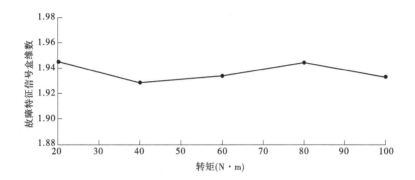

图 6-4 不同负载转矩时故障特征信号盒维数

Fig. 6-4 The box dimension of fault characteristic signal with different load torque

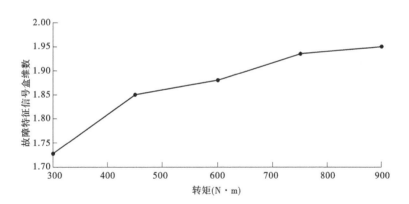

图 6-5 不同转速时故障特征信号盒维数

Fig. 6-5 The box dimension of fault characteristic signal with different speed

6.2.3 PMSM 局部失磁故障程度评估方法的实验验证

基于上述研究结论,本书仅对系统稳态工况下的转子磁场局部失磁故障程度评估方法进行实验验证。设定参考转速为 750 r/min、负载转矩 3 N·m

的系统稳态运行工况,表 6-3 和图 6-6 分别为 PMSM 单个永磁体产生转子磁场不同失磁故障程度的故障特征信号盒维数值及二者之间函数关系的拟合曲线。由表 6-3 及图 6-6 可知,与仿真结果类似,转子磁场局部失磁故障程度与其故障特征信号盒维数值之间亦近似存在简单的二次多项式关系。在实际应用中,可存储若干典型转速工作点下此二次多项式关系,在获取实际故障特征信号盒维数值后,通过反向查取,即可实现转子磁场局部失磁故障程度的准确评估。

表6-3　单个永磁体产生转子磁场不同失磁程度的故障特征信号盒维数值

Tab. 6-3　The box dimension value of fault characteristic signal under the different local demagnetization degree for single permanent magnet

项目	健康	5% 局部失磁	10% 局部失磁	15% 局部失磁	20% 局部失磁	25% 局部失磁
数据	1. 444 1	1. 472 2	1. 491 5	1. 518 5	1. 531 1	1. 542 3
项目	—	30% 局部失磁	35% 局部失磁	40% 局部失磁	45% 局部失磁	50% 局部失磁
数据	—	1. 540 5	1. 548 9	1. 551 0	1. 562 7	1. 567 1

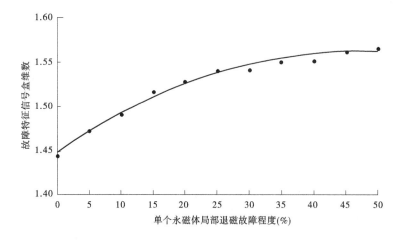

图6-6　局部失磁故障程度与故障特征信号盒维数关系拟合曲线

Fig. 6-6　The fitting curve for the relation of local demagnetization fault degree and its fault characteristic signal box dimension

6.3　PMSM 失磁故障的补偿策略

转子磁场失磁故障将降低 PMSM 的输出电磁转矩,对于转矩控制精度有约束的 PMSM 驱动系统,导致 PMSM 电枢电流增加及永磁体环境温度升高,加剧转子磁场失磁进程,并影响 PMSM 驱动系统的安全可靠运行。因此,对于电动汽车等一些对安全性、可靠性要求较高的应用场合,必须针对转子磁场失磁故障做出及时响应,避免故障恶化,确保 PMSM 驱动系统安全。局部失磁故障所产生的故障特征谐波电流,理论上将导致 PMSM 电磁转矩及转速脉动,但鉴于车用负载的大惯性特征,当故障程度较为微弱时,其所造成的影响相对有限,加之本书第 5 章所提方法能够在微弱故障程度下实现局部失磁故障的精确诊断,为此类故障的“视情维护”提供了充足的时间裕量。因此,本节仅研究转子磁场失磁故障导致永磁体基波磁链幅值降低的故障补偿方法。

电动汽车等应用领域的 PMSM 驱动系统通常具有较宽的调速范围,电机基速以下运行在恒转矩区,并采用最大转矩电流比(MTPA)控制方式维持较大电磁转矩输出,以适配车辆的起动、加速等复杂工况;而在电机基速以上时,则运行于恒功率区,并采用弱磁控制(flux weakening, FW)方式拓宽电机调速范围,以适配车辆的高速运行需求,MTPA 及弱磁控制在电流极限圆上与电流极限圆内的 dq 轴电流分配方法分别如式(6-1)~式(6-4)所示。

$$\begin{cases} i_d^* = \dfrac{\psi_f}{4(L_q - L_d)} - \sqrt{\dfrac{\psi_f^2}{16(L_q - L_d)^2} + \dfrac{I_{max}^2}{2}} \\ i_q^* = \text{sign}(n^*)\sqrt{I_{max}^2 - i_{dmax1}^2} \end{cases} \tag{6-1}$$

$$\begin{cases} i_d^* = \dfrac{\psi_f}{4(L_q - L_d)} - \sqrt{\dfrac{\psi_f^2}{16(L_q - L_d)^2} + i_q^2} \\ i_q^* = i_q \end{cases} \tag{6-2}$$

式中　i_d^*、i_q^*——MTPA 控制分式下电流极限圆上 dq 轴电流分配值或称为指令电流。

$$\begin{cases} i_d^* = \dfrac{L_d \psi_f - L_q \sqrt{\psi_f^2 + (L_q^2 - L_d^2)\left(I_{max}^2 - \dfrac{U_{max}^2}{\omega_e^2 L_q^2}\right)}}{L_q^2 - L_d^2} \\ i_q^* = \sqrt{I_{max}^2 - i_{d max2}^2} \end{cases} \tag{6-3}$$

$$\begin{cases} i_d^* = \dfrac{-\psi_f + \sqrt{\left(\dfrac{U_{max}}{\omega_e}\right)^2 - (L_q i_q^*)^2}}{L_d} \\ i_q^* = i_q \end{cases} \tag{6-4}$$

式中 ψ_f——转子磁链；

    L_d、L_q—— dq 轴电感；

    ω_e——电机电气角速度；

    i_d^*、i_q^*——弱磁控制方式下电流极限圆上 dq 轴电流指令值；

    U_{max}——最大允许电压；

    $i_{d\,max1}$、$i_{d\,max2}$——MTPA 及弱磁控制方式下电流极限圆上的 d 轴最大允许电流，计算公式如下所示。

$$\begin{cases} i_{d\,max1} = \dfrac{\psi_f}{4(L_q - L_d)} - \sqrt{\dfrac{\psi_f^2}{16(L_q - L_d)^2} + \dfrac{I_{max}^2}{2}} \\ i_{d\,max2} = \dfrac{L_d \psi_f - L_q \sqrt{\psi_f^2 + (L_q^2 - L_d^2)\left(I_{max}^2 - \dfrac{U_{max}^2}{\omega_r^2 L_q^2}\right)}}{L_q^2 - L_d^2} \end{cases} \tag{6-5}$$

由式(6-1)~式(6-4)可见，一旦控制算法中的转子磁链与实际值不符，将会影响 MTPA 及弱磁控制方式下的 dq 轴电流分配，使电流控制角偏离最佳值，影响系统控制性能。若将转子磁链的最新辨识值及时代入式(6-1)~式(6-4)所示的 MTPA 及弱磁控制算法中，则可以有效纠正上述偏差，在转子磁场失磁故障发生时最大限度地实现被动故障补偿。

6.3.1   PMSM 失磁故障补偿策略对系统动态性能的影响

通过设置转子磁链偏差的形式模拟 PMSM 转子磁场失磁故障，设定转子磁链下降15%，研究建议的故障补偿策略对 PMSM 驱动系统性能的影响。

设定转速为 175 rad/s、负载 50 N·m,PMSM 驱动系统工作于 MTPA 控制模式,以启动过程为例进行仿真测试。由图 6-7 可知,较之未启用 PMSM 转子磁场失磁故障补偿策略的 PMSM 驱动系统,启用 PMSM 转子磁场失磁故障补偿策略的 PMSM 驱动系统能够自动优化定子 dq 轴电流分配,产生更高的 PMSM 电磁转矩,随着转子磁场失磁故障程度的增加,该影响亦将愈为明显。

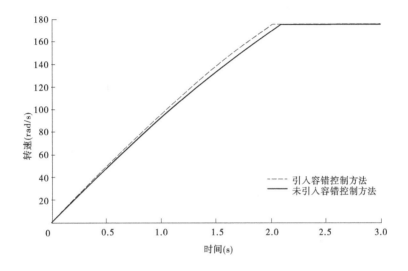

图 6-7　故障补偿策略对系统动态性能的影响

Fig. 6-7　The influence on the driving system dynamic performance induced
by the fault compensation strategy

6.3.2　PMSM 失磁故障补偿策略对系统稳态性能的影响

设定转速为 50 rad/s、负载 50 N·m,以及转速为 375 rad/s、负载 20 N·m 的两种系统运行工况,前者工作在 MTPA 控制模式,后者则工作于弱磁控制模式,讨论转子磁场失磁故障补偿策略在上述两种控制模式下对 PMSM 驱动系统稳态性能的影响。

在系统运行 1.5 s 时启用 PMSM 失磁故障补偿策略,启用前后的 PMSM 定子电流矢量幅值分别如图 6-8 和图 6-9 所示。系统仿真结果表明:出现转子磁场失磁故障后,使用本书所建议的故障补偿策略,可以自动优化 PMSM

驱动系统定子 dq 轴电流分配,降低 MTPA 区及弱磁区的 PMSM 定子电流矢量的幅值,弱磁区定子电流矢量幅值下降的程度更为明显,容错控制效果更为突出;且随着转子磁场失磁程度的增加,所建议的故障补偿策略的补偿效果亦将更加明显。

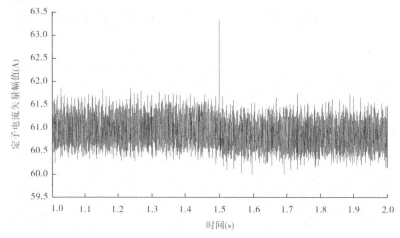

图 6-8　MTPA 控制方式下容错控制策略对系统稳态性能的影响

Fig. 6-8　The influence on the driving system steady performance induced by the fault compensation strategy under the MTPA control mode

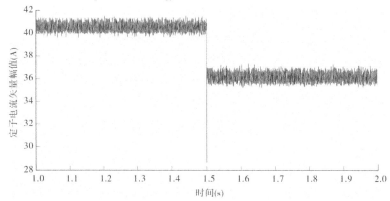

图 6-9　弱磁控制方式下容错控制策略对系统稳态性能的影响

Fig. 6-9　The influence on the driving system steady performance induced by the fault compensation strategy under the Flux Weakening mode

6.4　本章小结

本章首先提出了基于模型驱动的转子磁链辨识与基于数据驱动的转子磁场局部失磁故障诊断相结合的 PMSM 失磁故障模式识别方法；其次，提出将转子磁链辨识结果及故障特征信号盒维数值分别作为转子磁场均匀失磁故障与局部失磁故障程度评估依据的故障程度评估方法；最后，采用更新 MTPA 及弱磁控制算法中转子磁链的方法，实现 PMSM 失磁故障的补偿控制。

在理论研究和分析的基础上，完成了 PMSM 转子磁场失磁故障模式识别、失磁故障程度评估和失磁故障补偿的仿真测试或实验验证研究。研究结果表明：本书所提出的以自适应基波提取和 EMD 重构滤波相结合，再基于分形维数的故障程度评估方法，能够实现 PMSM 局部失磁故障程度的准确评估。所提出的转子磁场失磁故障补偿策略能够在转子磁场出现失磁故障时，通过 PMSM 驱动系统的自适应容错控制，提高 PMSM 驱动系统的稳态性能和动态性能。

第 7 章　总结与展望

7.1　本书主要内容

本书从计及转子磁场失磁故障的 PMSM 驱动系统建模、失磁故障诊断和故障模式识别、失磁故障程度评估及容错控制等方面,对 PMSM 驱动系统的转子磁场失磁故障进行了详细研究,主要内容如下所述:

(1)梳理了 PMSM 转子磁场失磁故障的产生机制,基于有限元方法建立了不同失磁程度的 PMSM 物理模型,并据此建立了计及转子磁场失磁故障的 PMSM 驱动系统的数学模型及仿真模型。系统仿真结果不仅证实了所建立的计及转子磁场失磁故障的 PMSM 驱动系统数学模型的正确性,也证实了该模型可以实现 PMSM 失磁故障电气特征的定性与定量描述,为实现 PMSM 驱动系统转子磁场失磁故障诊断及故障模式识别研究奠定了基础。

(2)在计及车用非平稳运行工况及测量噪声条件下,研究了典型非线性滤波算法在 PMSM 转子磁链辨识中的应用,分析比较了其辨识性能,提出了能够在具有测量噪声干扰且 PMSM 参数变化条件下,实现 PMSM 驱动系统转子磁链准确辨识的满秩辨识方法。在上述研究基础上,又提出了基于代数法的 PMSM 多参数辨识方法,解决了电机参数变化对转子磁链辨识精度的影响,以及非线性滤波方法在多参数同时辨识中所普遍存在的辨识模型欠秩问题,不仅实现了转子磁链的准确辨识,而且具有计算量小和方便、实时、在线实现的技术优势,为 PMSM 转子磁场失磁故障的准确诊断提供了依据。

(3)研究了基于 HHT 的微弱故障信号提取能力,明确指出其存在基波频率附近微弱故障特征信号容易湮没,以及受逆变器输出谐波影响 EMD 对局部失磁故障表征较为模糊的技术不足。据此,提出了自适应基波提取和经验模态分解(EMD)重构滤波相结合,基于分形维数的 PMSM 转子磁场局部失磁故障诊断方法,该方法能够消除定子电流基波、PMSM 驱动系统高频谐波及 EMD 低频趋势项对微弱故障特征信号盒维数计算值的影响,不仅可以实现 PMSM 转子磁场局部失磁故障的准确诊断,而且可以基于盒维数计算值准确刻画转子磁场局部失磁故障程度。

(4)在转子磁场均匀失磁故障与局部失磁故障准确诊断的基础上,提出了不同故障模式识别、故障程度评估及容错控制方法,实现了集转子磁场失磁故障建模、失磁故障诊断、故障模式识别、故障程度评估及容错控制于一体的 PMSM 转子磁场失磁故障综合解决方法。

(5)搭建了 PMSM 驱动系统实验平台,实现了本书所提出的 PMSM 转子磁场失磁故障诊断、故障模式识别、故障程度评估及容错控制策略的实验证实,证实了集转子磁场失磁故障建模、失磁故障诊断、故障模式识别、故障程度评估及故障补偿于一体的 PMSM 转子磁场失磁故障综合解决方法的可行性及技术优势。

7.2　技术展望

本书对 PMSM 转子磁场失磁故障诊断及容错控制进行了深入研究,取得了若干研究成果,提出了集转子磁场失磁故障建模、失磁故障诊断、故障模式识别、故障程度评估及故障补偿于一体的 PMSM 失磁故障综合解决方法,且通过系统仿真研究和实验研究证实了方案的创新性和技术可行性,但仍存在一些问题有待深入挖掘,展望如下所述。

(1)随机采样非线性滤波方法的硬件化实现。以随机采样为基础的标准粒子滤波及其改进算法在理论上具有比扩展卡尔曼滤波等基于解析近似的非线性滤波方法更好的系统适应性,但受计算量的限制,很难将其应用于 PMSM 转子磁场失磁故障的实时在线诊断。鉴于 FPGA 强大的并行运算能力,基于 FPGA 实现粒子滤波等复杂非线性滤波算法已成为研究趋势。

(2)基于综合评估因子的 PMSM 转子磁场失磁故障程度一体化描述方法。鉴于 PMSM 永磁体局部失磁故障与均匀失磁故障的电气表征不尽相同,本书分别采用故障特征信号盒维数值和永磁体基波磁链辨识结果作为二者故障程度的评估依据。因此,以小波能量熵等综合评估因子作为两种故障模式故障程度统一诊断依据的研究,亦将因其研究价值而成为研究方向。

　　(3)PMSM 转子磁场失磁故障的预测研究。转子磁场失磁故障的预测研究有利于从源头避免转子磁场失磁故障导致的电动汽车 PMSM 驱动系统性能下降及可靠性降低,势必成为未来重要的研究方向。

参考文献

[1] 李红梅,陈涛,姚宏洋. 电动汽车 PMSM 退磁故障机制、诊断及发展[J]. 电工技术学报,2013,28(8):276-284.

[2] 符荣,窦满峰. 电动汽车驱动用内置式永磁同步电机直交轴电感参数计算与实验研究[J]. 电工技术学报,2014,29(11):30-37.

[3] Liu T H , Chen G J , Li S G. Application of vector control technology for PMSM used in electric vehicles[J]. Open automation and control system journal, 2015, 6(1):1334-1341.

[4] Mocanu R, Onea A. Temperature estimation for condition monitoring of PMSM used in electric vehicles[C]. 2014 International Symposium on Fundamentals of Electric Engineering, 2014:1-5.

[5] Sebastian T. Temperature effects on torque production and efficiency of PM motors using NdFeB magnets[J]. IEEE transactions on industry applications, 1995, 31(2): 353-357.

[6] 唐任远. 现代永磁电机——理论与设计[M]. 北京:机械工业出版社,1997.

[7] Jung J W, Lee S H, Hong J P,et al. Optimum design for eddy current reduction in permanent magnet to prevent irreversible demagnetization[C]. International Conference on Electrical Machines and Systems, Seoul, 2007:949-954.

[8] Farooq J A, Dherdir A, Miraoui A. Analytical modeling approach to detect magnet defects in permanent magnet brushless motors[J]. IEEE transactions on magnetics, 2008, 44(12): 668-673.

[9] Vagati A, Boazzo B, Guglielmi P. Design of ferrite assisted synchronous reluctance machines robust towards demagnetization[J]. IEEE Trans. Ind. Appl. , 2014,50(3):1768-1779.

[10] Farooq J A, Srairi S, Miraoui A. Use of permeance network method in the demagnetization phenomenon modeling in a permanent magnet motor[J]. IEEE transactions on magnetics, 2006, 42(4):1295-1298.

[11] Hendershot J R, Miller T J E. Design of brushless permanent magnet motors[M]. USA: Magna Physics Publishing & Oxford Science Publication,1994.

[12] Pal S K. Direct drive high energy permanent magnet brush and brushless DC Motors for robotic application[C]. London:Proceedings of IEEE colloquium on rotor actuators,1991:1-4.

[13] Cheng C W, Man H C, Cheng F T. Magnetic and corrosion characteristics of NdFeB magnet with various surface coatings[J]. IEEE transactions on magnetics, 1997, 33(5):

3910-3912.

[14] Urresty J, Riba J R, Romeral A. Back-emf based method to detect magnet failures in PMSMs magnetic[J]. IEEE transactions on magnetics, 2013, 49(1):591-598.

[15] Da Y, Shi X D, Krishnamurthy M. Health monitoring fault diagnosis and failure prognosis techniques for brushless permanent magnet machines[C]. Chicago:2011 IEEE Vehicle Power and Propulsion Conference, 2011:1-7.

[16] Li W, Li A, Wang H. Anisotropic fracture behavior of sintered rare earth permanent magnets[J]. IEEE transactions on magnetics, 2005, 41(8):2339-2342.

[17] 姚丙雷,林岩,刘秀芹. 钕铁硼永磁材料热性能的分析[J]. 电机与控制应用,2008,35(4):52-55.

[18] Clegg A G, Coulson I M, Hilton G. The temperature stability of Nd-Fe-B and Nd-Fe-B-Co magnets[J]. IEEE transactions on magnetics, 1990, 26(5):1942-1944.

[19] 刘国征,夏宁,赵明静. 永磁材料长期稳定性研究进展[J]. 稀土,2010,31(2):40-44.

[20] 陈致初,符敏利,彭俊. 永磁牵引电动机的失磁故障分析及预防措施[J]. 大功率变流技术,2010,55(3):42-45.

[21] 冒爱琴,沙菲. Ni-P 化学镀层对 Nd-Fe-B 永磁材料耐腐蚀性的改善[J]. 腐蚀与防护,2009,30(12):896-898.

[22] Kim K C, Lim S B, Koo D H, et al. The shape design of permanent magnet for permanent magnet synchronous motor considering partial demagnetization[J]. IEEE transactions on magnetics, 2006, 42(10):3485-3487.

[23] Hong H, Yoo J. Shape design of the surface mounted permanent magnet in a synchronous machine [J]. IEEE transactions on magnetics, 2011, 47(8):2109-2117.

[24] Jang S M, Park H L, Choi J Y,et al. Magnet pole shape design of permanent magnet machine for minimization of torque ripple based on electromagnetic field theory[J]. IEEE transactions on magnetics, 2011, 47(10):3586-3589.

[25] Xing J Q, Wang F X, Wang T Y,et al. Study on anti-demagnetization of magnet for high speed permanent magnet machine[J]. IEEE transactions on applied superconductivity, 2010, 20(3):856-860.

[26] Liu L, Cartes D, Liu W X. Application of particle swarm optimization to PMSM stator fault diagnosis[C]. Vancouver:International Joint Conference on Neural Networks, 2006:1969-1974.

[27] Quiroga J, Cartes D A, Edrington C S, et al. Neural network based fault detection of PMSM stator winding short under load fluctuation[C]. Poznan:International Power Electronics and Motion Control Conference,2008:793-798.

[28] Roser J, Espionsa A J, Cuside J, et al. Simulation and fault detection of short circuit winding in a permanent magnet synchronous machine by means of Fourier and Wavelet transform[C]. Victoria:2008 IEEE International Instrumentation and Measurement Technology Conference, 2008:411-416.

[29] Romeral L, Urresty J C, Riba Ruiz J R, et al. Modeling of surface-mounted permanent magnet synchronous motors with stator winding interturn faults[J]. IEEE transactions on industry applications, 2011, 58(5):1576-1585.

[30] Cheng S W, Zhang P J, Habetler T G. An impedance identification approach to sensitive detection and location of stator turn-to-turn faults in a closed-loop multiple motor drive [J]. IEEE transactions on industry applications, 2011, 58(5):1545-1554.

[31] Le Roux W, Harley R G, Habetler T G. Detecting rotor faults in low power permanent magnet synchronous machines[J]. IEEE transaction on power electronics, 2007, 22(1): 322-328.

[32] Riba Ruiz J R, Rosero J A, Garcia Espinosa A, et al. Detection of demagnetization faults in permanent-magnet synchronous motors under nonstationary conditions[J]. IEEE transactions on magnetics, 2009, 45(7):2961-2969.

[33] Zhao G X, Tian L J, Shen Q P, et al. Demagnetization analysis of permanent magnet synchronous machines under short circuit fault[C]. Chengdu: Asia-Pacific Power and Energy Engineering Conference, 2010:1-4.

[34] Rosero J A, Romeral L, Ortega J A, et al. Demagnetization fault detection by means of Hilbert-Huang transforms of the stator current decomposition in PMSM[C]. Cambridge: IEEE International Symposium on Industrial Electronics, 2008:172-177.

[35] Resero J A, Cusido J, Garcia A, et al. Study on the permanent magnet demagnetization fault in permanent magnet synchronous machines[C]. Pairs: 32nd Annual Conference on IEEE Industrial Electronics, 2006:879-884.

[36] Urresty J C, Riba J, Saavedra H, et al. Analysis of demagnetization faults in surface-mounted permanent magnet synchronous motors with symmetric windings[C]. Bologna:8th IEEE Symposium on Diagnostics for Electrical Machines, Power Electronics and Drives, 2011:240-245.

[37] Casadei D, Filippetti F, Rossi C, et al. Magnets fault characterization for permanent magnet synchronous motors[C]. Cargese:2009 IEEE International Symposium on Diagnostics for Electric Machines, Power Electronics and Drives, 2009:1-6.

[38] Urresty J C, Riba J R, Delgado M, et al. Detection of demagnetization faults in surface mounted permanent magnet synchronous motors by means of the zero-sequence voltage component[J]. IEEE transaction on energy conversion, 2012, 27(1):42-51.

［39］ Torregrossa D, Khoobroo A, Fahimi B. Prediction of acoustic noise and torque pulsation in PM synchronous machines with static eccentricity and partial demagnetization using field reconstruction method［J］. IEEE transaction on industrial electronics, 2012, 59(2):934-944.

［40］ Liu L. Robust fault detection and diagnosis for permanent magnet synchronous motors ［D］. Florida: florida state university, 2006.

［41］ Espinosa A G, Rosero J, Cusido J, et al. Fault detection by means of Hilbert-Huang Transform of the stator current in a PMSM with demagnetization［J］. IEEE transaction on energy conversion. 2010, 25(2):312-318.

［42］ Rosero J, Romeral L, Rosero E, et al. Fault detection in dynamic conditions by means of discrete wavelet decomposition for PMSM running under bearing damage［C］. Washington: 24th Annual IEEE Applied Power Electronics Conference and Exposition, 2009: 952-956.

［43］ Wang Z F, Yang J Z, Ye H P, et al. review of permanent magnet synchronous motor fault diagnosis［C］. Beijing: IEEE Transporation Electrificaiton Conference and Expo., 2014: 1-5.

［44］ Lobos T, Rezmer J, Sikorski T, et al. Power distortion issues in wind turbine power systems under transient states［J］. Turkish journal of electrical engineering and computer science, 2008, 16(3):229-238.

［45］ 冯志华,朱忠奎,刘刚,等. 经验模态分解的小波消失现象［J］. 数据采集与处理, 2006,21(4):478-481.

［46］ Riba Ruiz J R, Urresty J C, Ortega J A. Feature extraction of demagnetization faults in permanent-magnet synchronous motors based on box-counting fractal dimension ［J］. IEEE transactions on industry electronics, 2011, 58(5):1594-1605.

［47］ Ruschetti C, Bossio G, De Angelo C, et al. Effects of partial rotor demagnetization on permanent magnet synchronous machines［C］. Vina del Mar: International Conference on Industrial Technology, 2010:1233-1238.

［48］ Kim K C, Kim K, Kim H J, et al. Demagnetization analysis of permanent magnets according to rotor types of interior permanent magnet synchronous motor［J］. IEEE transactions on magnetics, 2009, 45(6):2799-2802.

［49］ 肖曦,许青松,王雅婷,等. 基于遗传算法的内埋式永磁同步电机参数辨识方法［J］. 电工技术学报,2014,29(3):21-26.

［50］ Liu G H, Zhang J, Liu Z H. Parameter identification of PMSM using immune clonal selection differential evolution algorithm［J］. Mathematical problems in engineering,2014(2): 1-10.

［51］Henwood N, Malaize J, Praly L A. Robust nonlinear Luenberger observer for the sensorless control of SMPMSM: Rotor position and magnets flux estimation[C]. Montreal: 38th Annual Conference on IEEE Industrial Electronics Society, 2012:1625-1630.

［52］Wang S. Windowed least square algorithm based PMSM parameters estimation[J]. mathematical problems in engineering, 2013(1):1-11.

［53］肖曦,张猛,李永东. 永磁同步电机永磁体状况在线监测[J].中国电机工程学报, 2007,27(24):43-47.

［54］Xiao X, Chen C M, Zhang M. Dynamic permanent magnet flux estimation of permanent magnet synchronous machines[J]. IEEE transactions on applied superconductivity, 2010, 20(3):1085-1088.

［55］文传博,齐亮. 永磁同步电机磁链信息在线监测新方法[J]. 电力系统及其自动化学报,2010,22(2):22-26.

［56］Ramakrishnan R, Islam R, Islam M,et al. Real time estimation of parameters for controlling and monitoring permanent magnet synchronous motors[C]. Miami:IEEE International Electric Machines and Drives Conference, 2009:1194-1199.

［57］Lee J, Jeon Y J, Choi D C,et al. Demagnetization fault diagnosis method for PMSM of electric vehicle[C]. Vienna:39th Annual Conference of the IEEE industrial Electronics Society, 2013:2709-2713.

［58］安群涛,孙力,赵克. 一种永磁同步电动机参数的自适应在线辨识方法[J]. 电工技术学报,2008,23(6):31-36.

［59］Liu K, Zhang Q, Chen J T, et al. Online multiparameter estimation of nonsalient-pole PM synchronous machines with temperature variation tracking[J]. IEEE transactions on industrial electronics, 2011, 58(5):1776-1788.

［60］杨宗军,王莉娜. 表贴式永磁同步电机的多参数在线辨识[J].电工技术学报, 2014, 29(3):111-118.

［61］Underwood S J, Husain I. Online parameter estimation and adaptive control of permanent-magnet synchronous machines[J]. IEEE transactions on industrial electronics, 2010, 57 (7):2435-2443.

［62］Fliess M, Sira-Ramırez H. An algebraic framework for linear identification[J]. Control, Optimization and Calculus of Variations, 2003(9):151-168.

［63］Cortes-Romero J A, Luviano-Juarez A, Alvarez-Salas R,et al. Fast Identification and Control of an Uncertain Brushless DC Motor Using Algebraic Methods[C]. Mexico:Power Electronics Congress, 2010:9-14.

［64］Hong J, Hyun D, Lee S B,et al. Automated monitoring of magnet synchronous motors at standstill[J]. IEEE transactions on industry applications, 2010, 46(4):1397-1405.

［65］Hong J, Hyun D, Kang T J,et al. Detection and classification of rotor demagnetization and eccentricity faults for PM motors［C］. Phoenix:3rd Annual IEEE Conversion Congress and Exposition, 2011:2512-2519.

［66］Kang D U, Kim J W, Kisck D O,et al. Dynamic simulation of the transverse flux machine using linear model and finite element method［C］. Taipei: 33rd Annual Conference of the IEEE Industrial Electronics Society, 2007:1304-1309.

［67］Chan T F, Wang W M. Magnetic field in a transverse axial flux permanent magnet synchronous generator from 3D FEA［J］. IEEE transactions on magnetics, 2012, 48（2）: 1055-1058.

［68］苏士斌. 双六相横向磁通永磁电机系统研究［D］.西安:西北工业大学,2014.

［69］Hsu J S, Ayers C W, Coomer C L. Report on Toyota/Prius Motor Toque Capability, Torque Property, No-Load Back EMF and Mechanical Losses［R］. Oak Ridge: Oak Ridge National Laboratory, 2004.

［70］Hsu J S, Ayers C W, Coomer C L. Report on Toyota/Prius Motor Design and Manuafacturing Assessment［R］. Oak Ridge: Oak Ridge National Laboratory, 2004.

［71］Ayers C W, Hsu J S, Marlino L D. Evaluation of 2004 Toyota Prius Hybird Electric Drive System Interim Report［R］. Oak Ridge: Oak Ridge National Laboratory, 2004.

［72］李景灿,廖勇.考虑饱和及转子磁场谐波的永磁同步电机模型［J］.中国电机工程学报,2011,31（3）:60-66.

［73］dSPACE. Modular system based on DS1005［M］. Paderborn: dSPACE Gmbh, 2013: 21-23.

［74］dSPACE. dSPACE AC motor control solution［M］. Paderborn: dSPACE Gmbh, 2013: 41-42.

［75］dSPACE(中国). dSPACE 软件安装教程［M］.上海:dSPACE,2013:23-26.

［76］Xiao X, Zhang M, Li Y D,et al. On-line estimation of permanent magnet flux linkage ripple for PMSM based on Kalman filter［C］. Paris:32nd Annual Conference on IEEE industrial Electronics, 2006:1171-1175.

［77］Shi Y C, Sun K, Huang L P,et al. Online identificaiton of permanent magnet flux based on extended kalman filter for IPMSM drive with position sensorless control［J］. IEEE transactions on industrial electronics, 2012, 59（11）:4169-4178.

［78］占荣辉,张军. 非线性滤波理论与目标跟踪应用［M］.北京:国防工业出版社,2013: 39-40.

［79］王笑笑,杨志家,王英男,等. 双卡尔曼滤波算法在锂电池 SOC 估算中的应用［J］.仪器仪表学报,2013,34（8）:1732-1738.

［80］夏凌楠,张波,王营冠,等. 基于惯性传感器和视觉历程计的机器人定位［J］. 仪器仪

表学报,2013,34(1):166-172.

[81] 吴玲,卢发兴,刘忠. UKF 算法及其在目标被动跟踪中的应用[J]. 系统工程与电子技术,2005,27(1):49-52.

[82] 万莉,刘焰春,皮亦鸣. EKF、UKF、PF 目标跟踪性能的比较[J]. 雷达科学与技术,2007,5(1):13-16.

[83] Shojaie K, Mohammad A. Experimental study of iterated Kalman filters for simultaneous localization and mapping of autonomous mobile robots[J]. Journal of intelligent & robotic systems, 2011, 63(1):575-594.

[84] Caballero-Gil P, Fuster-Sabater A. A wide family of nonlinear filter functions with a large linear span[J]. Information sciences, 2003, 164(1):197-207.

[85] Julier S J, Uhlmann J K, Durrant-Whyte H F. New approach for filtering nonlinear systems [C]. Washington: Proceedings of the American Control Conference, 1995: 1628-1632.

[86] 谭兴龙,王坚,赵长胜. 神经网络辅助的 GPS/INS 组合导航自适应 UKF 算法[J]. 测绘学报,2015,44(4):384-391.

[87] 潘泉,杨峰,叶亮,等. 一类非线性滤波器-UKF 综述[J]. 控制与决策,2005,20(5): 481-494.

[88] Cho S Y, Enkhtur M, Kim K H. Modified UKF considering real-time implementation of the multi-rate INS/GPS integrated navigation system[J]. Journal of institute of control, robotics and systems, 2013, 19(2):87-94.

[89] Jung K, Kim J, Jung E,et al. Positioning accuracy improvement of laser navigation using UKF and FIS[J]. Robotics and autonomous systems, 2014, 62(9):1241-1247.

[90] Karimi M, Bozorg M, Khayatian A R A. Comparison of DVL/INS fusion by UKF and EKF to localize an autonomous underwater vehicle[C]. Tehran:International Conference on Robotics and Mechatronics,2013:62-67.

[91] Wang H J, Fu G X, Yan Z P, et al. An adaptive UKF based SLAM method for unmanned underwater vehicle[J]. Mathematical Problems in Engineering, 2013(2):1-12.

[92] Ota k, Duflos E, Vanheeghe P,et al. Speech recognition with speech density by the dirichlet process mixture[C]. Las Vegas: IEEE international Conference on Acoustics, Speech and Signal Processing,2008:1553-1556.

[93] Jinachitra P. Noisy speech segmentation using non-linear observation switching state space model and unscented kalman filtering[C]. Toulouse:IEEE International Conference on Acoustics, Speech, and Signal Processing-Proceedings,2006:1209-1212.

[94] Chen Z, Wang L, Liu X D. Sensorless direct torque control of PMSM using unscented kalman filter[C]. Milano:18th IFAC World Congress, 2011:4380-4385.

[95] Talla J, Peroukta Z. Neural network aided unscented kalman filter for sensorless control of PMSM[C]. Birminghm: 14thEuropean Conference on Power Electronics and Applications, 2011:1313-1319.

[96] 林海,严卫生,李宏,等. 基于无迹卡尔曼滤波的永磁同步电机无传感器直接转矩控制[J]. 西北工业大学学报,2009,27(2):204-208.

[97] Moon C, Nam K H, Jung M K,et al. Sensorless speed control of permanent magnet synchronous motor using unscented kalman filter[C]. Akita:51stAnnual Conference on the Society of Instrument and Control Engineers of Japan, 2012:2018-2023.

[98] Chan T F, Borsje P, Wang W M. Application of unscented kalman filter to sensorless permanent-magnet synchronous motor drive[C]. Miami: IEEE International Electric Machines and Drives Conference,2009:631-638.

[99] Mocaun R, Onea A. Temperature estimation for condition monitoring of PMSM used in electricvehicle[C]. Bucharest:2014 International Symposium on Fundamentals of Electrical Engineering, 2015:1-6.

[100] Mocaun R, Onea A. Phase resistance estimation and monitoring of PMSM used in electrical vehicle[C]. Sinaia:18th International Conference on System Theory, Control and Computing,2014:512-519.

[101] Gordon N J, Salmon D J, Smith A F M. Novel approach to nonlinear/non-Gaussian Bayesian state estimation[J]. IEEE proceedings-radar & signal processing, 1993, 140 (2):107-113.

[102] Andrieu C, Doucet A. Particle filtering for partially observerd Gaussian state space models[J]. Journal of the royal statistical society-series B, 2002, 64(4):827-836.

[103] Djuric P M, Kotecha J H, Zhang J. Particle filtering[J]. IEEE signal processing magazine,2003, 20(5):19-38.

[104] Crisan D, Doucet A. A Survey of convergence results on priticle filtering methods for practitioners[J]. IEEE transactions on computing, 2000, 10(3):197-208.

[105] German S. Stochastic relaxation, gibbs distributions and the Bayesian restoration of images[J]. IEEE transactions on pattern analysis and machine intelligence, 1984, 6(6): 721-741.

[106] Geweke J. Bsyesian inference in econometric models using monte carlo integration[J]. Econometrion, 1989, 57(6):1317-1399.

[107] 何可可. 非线性非高斯条件下贝叶斯滤波若干问题研究[D].南京:南京理工大学,2012.

[108] Doucet A. On sequential Monte carlo methods for bayesian filtering[R]. Cambridge: Cambridge University Engineering Department, 1998.

[109] Kong A, Liu J S, Wong W H. Sequential imputations and bayesian missing data problems[J]. Journal of the american statical association, 1994, 89(425):278-288.

[110] Arulampalam M S, Maskell S, Gordaon N, et al. Tutorial on particle filter for on-line nonlinear/non-Gaussian bayesian tracking[J]. IEEE transaction on signal processing, 2002, 50(2):174-188.

[111] Cappe O, Godsill S J, Moulines E. An overview of existing methods and recent advances in sequentialmonte carlo[J]. Proceedings of the IEEE, 2007, 95(5):899-924.

[112] Van De Merwe R, De Feritas N, Doucet A. The unscented particle filter[R]. Cambridge: Cambridge University Engineering Department, 2000.

[113] Deng X L, Xie J Y, Ni H W. Interacting multiple model algorithm with the unscented particle filter[J]. Chinese journal of aeronautics, 2005, 18(4):366-371.

[114] Rui Y, Chen Y. Better proposal distribution: object tracking using unscented particle filter[C]. Hawaii:Proceeding of IEEE Conference on Computer Vision and Pattern Recognition, 2001:786-793.

[115] 袁建,张文霞,隋树林. 一种目标轮廓跟踪的 UPF 方法[J]. 青岛科技大学学报(自然科学版),2006,37(4):255-258.

[116] Gao C C, Chen W. Ground moving target tracking wiht VS-IMM using mean shift unscented particle filter[J]. Chinese Journal of Aeronautics, 2011, 24(5):622-630.

[117] 李甫. 粒子滤波算法研究及其电路设计[D]. 西安:西安电子科技大学,2010.

[118] Fliess M, Sira-Ramırez H. An algebraic framework for linear identification[J]. control, optimization and calculus of variations, 2003, 9(1): 151-168.

[119] Cortes-Romero J A, Luviano-Juarez A, Alvarez-Salas R, et al. Fast Identification and Control of an Uncertain Brushless DC Motor Using Algebraic Methods[C]. Maxico:Power Electronics Congress, 2010:9-14.

[120] 陈雨红,杨长春,曹齐放,等. 几种时频分析方法比较[J]. 地球物理学进展,2006,21(4):1180-1185.

[121] 李振春,刁瑞,韩文功,等. 线性时频分析方法综述[J]. 勘探地球物理学进展,2010,33(4):239-247.

[122] Huang N E, Shen Z, Long S R, et al. The empirical mode decomposition and the Hilbert spectrum for nonlinear and non-stationary time series analysis [J]. Proc. of the royal society, 1998, A (454): 903-995.

[123] 高艳丰,朱永利,闫红颜,等. 基于 VMD 和 TEO 的高压输电线路雷击故障测距研究[J].电工技术学报,2016,31(1):24-33.

[124] 俞啸,丁恩杰,陈春旭,等. 基于 HHT 和有监督稀疏编码的滚动轴承状态识别方法[J]. 煤炭学报,2015,40(11):2587-2595.

[125] 李明爱,崔燕,杨金福,等. 基于 HHT 和 CSSD 的多域融合自适应脑电特征提取方法 [J]. 电子学报,2013,41(2):2479-2486.

[126] Li F F, Sun R, Xue S, et al. Pulse signal analysis of patients with coronary heart diseases using Hilbert-Huang transformation and time-domain method[J]. Chinese journal of integrative medicine, 2015, 21(5):355-360.

[127] Liu L B, Mehl R, Wang W J,et al. Applications of the Hilbert-Huang transform for microtremor data analysis enhancement[J]. Journal of earth science 2015, 26(6): 799-806.

[128] 何军娜,陈剑云,艾颖梅,等. 电力系统行波测距方法及其发展[J]. 电力系统保护 与控制,2014,42(24):148-154.

[129] 颜中辉,李攀峰,秦轲. 基于希尔伯特 – 黄变换的多分量地震去噪方法研究[J]. 地 球物理学进展,2015,30(6):2846-2854.

[130] 凌同华,李夕兵. 基于小波变换的时 – 能分布确定微差爆破的实际延迟时间[J]. 岩石力学与工程学报,2004,23(13):2266-2270.

[131] 张义平. 爆破震动信号的 HHT 分析与应用研究[D]. 长沙:中南大学,2006.

[132] Boashash B. Estimation and interpreting the instantaneous frequency of a signal-part I: Fundamentals[J]. Proceedings of the IEEE, 1992, 80:520-538.

[133] 熊卫华. 经验模态分解方法及其在变压器状态监测中的应用研究[D]. 杭州:浙江 大学,2006.

[134] 高静. 经验模态分解的改进方法及应用研究[D]. 北京:北京理工大学, 2014.

[135] Hahaer. HHT 法在小频率比混合信号处理中的局限性[EB/OL]. http://blog. sina. com. cn/s/blog_5def5a660100c27b,2009.

[136] 王慧. HHT 方法及其若干应用研究[D]. 合肥:合肥工业大学,2009.

[137] 盖强. 局域波时频分析方法的理论研究与应用[D]. 大连:大连理工大学,2001.

[138] 王胜春. 自适应时频分析技术及其在故障诊断中的应用研究[D]. 济南:山东大学, 2007.

[139] 钟佑明. 希尔伯特 – 黄变换局瞬信号分析理论的研究[D]. 重庆:重庆大学,2002.

[140] 黄大吉,赵进平,苏纪兰. 希尔伯特 – 黄变换的端点延拓[J]. 海洋学报,2003,25 (1):1-11.

[141] 杜必强. 振动故障远程诊断中的分形压缩机分形诊断技术研究[D]. 保定:华北电 力大学,2009.

[142] Ferenets R, Lipping T, Anier A,et al. Comparison of entropy and complexity measures for the assessment of depth of sedation[J]. IEEE transactions on biomedical engineering, 2006, 53(6):1067-1077.

[143] Henderson G, Ifeachor E, Hudson N,et al. Development and assessment of methods for

detecting dementia using the human electroencephalogram[J]. IEEE transactions on biomedical engineering, 2006, 53(8):1557-1568.

[144] Li J, Du Q, Sun C X. An improved box-counting method for image fractal dimension estimation[J]. Pattern recognition, 2009, 42(11):2460-2469.

[145] Backes A R, Casanova D, Bruno O M. A complex network-based approach for boundary shape analysis[J]. Pattern recognition, 2009, 42(1):54-67.

[146] Zhao J, Chen X, Bao A,et al. A method for choice of optimum scale on land use monitoring in Tarim Rive Basin[J]. Arabian journal of geosciences, 2009, 19(3):340-350.

[147] 夏均忠,刘远宏,但佳壁. 基于 EMD 分形技术提取变速器轴承故障特征[J]. 噪声与振动冲击,2012,32(2):119-122.

[148] Ziarani A K. Extraction of non-stationary sinusoids [D]. Toronto: University of Toronto, 2002.

[149] Douglas H, Pillay P, Ziarani A K. A new algorithm for transient motor current signature analysis using wavelets[J]. IEEE transactions on industry application, 2004, 40(5):1361-1367.

[150] Barendse P S, Pilly P. A new algorithm for the detection of faults in permanent magnet machines[C]. Pairs:32nd Annual Conference on IEEE Industrial Electronics, 2006:823-828.

[151] Mandelbrot B B. Les objects fractals: formehazard et dimension[M]. Paris: Flammarion, 1975.

[152] 程军圣,于德介,杨宇. 基于 EMD 和分形维数的转子系统故障诊断[J]. 中国机械工程,2005,16(12):1088-1091.

[153] 李萌,陆爽,马文星. 滚动轴承故障诊断的分形特性研究[J]. 农业机械学报,2005,36(12):162-164.

[154] Kolokolov Y V, Monovskaya A V, Adjallah K H. Real-time degradation monitoring and failure prediction of pulse energy conversion systems[J]. Journal of Quality in Maintenance Engineering, 2007, 13(2):176-185.

[155] De Moura E P, Vieira A P, Irmao M A S,et al. Applications of detrended fluctuation analysis to gearbox fault diagnosis[J]. Mechanical systems and signal processing, 2009, 23(3):682-689.

[156] Umyai P, Kumhom P, Chamnongthai K. Air bubbles detecting on ribbed smoked sheets based on fractal dimension[C]. Chiang Mai:2011 International Symposium on Intelligent Signal Processing and Communications System, 2011:1-4.

[157] 梁平,龙新峰,樊福梅. 基于分形关联维数的汽轮机转子振动故障诊断[J]. 华东理工大学学报(自然科学版),2006,34(4):85-90.

[158] 肖云魁,李世义,曹亚娟,等. 汽车传动轴振动信号分形维数计算[J]. 振动、测试与诊断,2005,25(1):42-47.

[159] 李娜,方彦军. 利用关联维数分析机械系统故障信号[J]. 振动与冲击,2007,26(4):136-139.

[160] 郝研,王太勇,万剑,等. 分形盒维数抗噪研究及其在故障诊断中的应用[J]. 仪器仪表学报,2011,32(3):540-545.

[161] 张龙, 黄文艺, 熊国良. 基于多尺度熵的滚动轴承故障程度评估[J]. 振动与冲击,2014,33(9):185-189.

[162] 窦东阳,赵英凯. 基于 EMD 和 Lempel-Ziv 指标的滚动轴承损伤程度识别研究[J]. 振动与冲击,2010,29(3):5-8.

[163] 从云飞,陈进,董光明. 基于 AR 模型的 Kolmogorov-smirnow 检验性能退化及预测研究[J]. 振动与冲击,2012,31(10):79-82.

[164] 江瑞龙,陈进,刘滔,等. 设备性能退化评估在巡检系统中的应用[J]. 振动与冲击,2012,31(10):79-82.

[165] 潘玉娜,陈进. 小波包-支持向量数据描述在轴承性能退化评估中的应用研究[J]. 振动与冲击,2009,28(4):164-167.

[166] Lee J. Measurement of machine performance degradation unsing a neural network model [J]. Computers in industry, 1996, 30(3):193-209.

[167] Huang R Q, Xi L F, Li X L,et al. Residual life predictions for ball bearing based on self-organizing map and back propagation neural network methods[J]. Mechanical system and signal processing, 2007, 21(1):193-207.

[168] Yan J H, Lee J. Degradation assessment and fault modes classification using logistic regression[J]. Journal of manufacturing science and engineering-transaction of the Asme, 2005, 127(4):912-914.

[169] 于海生,赵克友,郭雷. 基于端口受控哈密顿方法的 PMSM 最大转矩/电流控制[J]. 中国电机工程学报,2006,26(8):82-87.

[170] Mohamed Y A R I, Lee T K. Adaptive self-tuning MTPA vector controller for IPMSM drive system[J]. IEEE transactions on energy conversion, 2006, 21(3):634-644.

[171] Niazi P, Toliyat H A, Goodarzi A. Robust maximum torque per ampere control of PM-assised synRM for traction applications[J]. IEEE transaction on vehicular technology, 2007, 56(4)1538-1545.

[172] Bolognani S, Petrella R, Peraro A. Automatic tracking of MTPA trajectory in IPM motor drives based on AC current injection[J]. IEEE transactions on industrial applications, 2011, 47(1):105-114.

[173] Han S H. Reducing harmonic eddy-current losses in the stator teeth of interior permanent

magnet synchronous machines during flux weakening[J]. IEEE transactions on energy conversion, 2010, 25(2):441-449.

[174] Song Y H, Yang X, Lu Z X. Integration of plug-in hybrid and electric vehicles: experience from china[C], Minneapolis: IEEE Power and Energy Society Gneral Meeting, 2010:1-6.

[175] 那日沙. 混合动力电动汽车永磁同步电机弱磁控制的研究[D]. 哈尔滨:哈尔滨理工大学,2013.

[176] 王艾萌. 内置式永磁同步电动机的优化设计及弱磁控制研究[D]. 保定:华北电力大学,2010.